교과 연계
초등 영재 사고력 수학
지니1

교과 연계 초등 영재 사고력 수학 지니 1

지은이 유진·나한울
펴낸이 임상진
펴낸곳 (주)넥서스

초판 1쇄 인쇄 2023년 1월 10일
초판 1쇄 발행 2023년 1월 20일

출판신고 1992년 4월 3일 제311-2002-2호
10880 경기도 파주시 지목로 5
Tel (02)330-5500 Fax (02)330-5555

ISBN 979-11-6683-372-4 64410
        979-11-6683-371-7 (SET)

가격은 뒤표지에 있습니다.
잘못 만들어진 책은 구입처에서 바꾸어 드립니다.

www.nexusbook.com
www.nexusEDU.kr/math

융합 사고력 강화를 위한 단계별 수학 영재 교육

교과 연계

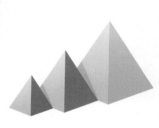

초등 영재
사고력 수학
지니

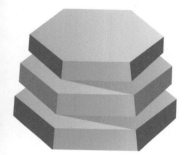

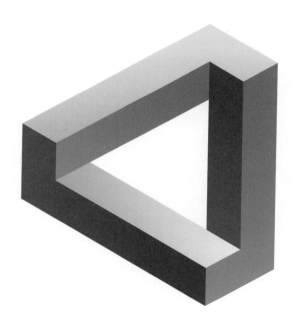

레벨 1

3~4학년

넥서스에듀

저자 및 검토진 소개

저자

유진

12년 차 초등 교사. 서울교육대학교를 졸업 후 동 대학원 영재교육과(수학) 석사 과정을 마쳤다. 수학 영재학급 운영·강의, 교육청 영재원 수학 강사 등의 경험을 바탕으로 평소 학급 수학 수업에서도 학생들의 수학적 사고력을 자극하는 활동들을 고안하는 데 특히 노력을 기울이고 있다.

소통 창구
인스타그램 @gifted_mathedu
블로그 https://blog.naver.com/jjstory_0110
이메일 jjstory_0110@naver.com

나한울

서울대학교 수리과학부에서 박사 학위를 받았다. 영상처리의 수학적 접근 방법에 대해 연구하였으며, 해당 지식을 기반으로 연관 업무를 하고 있다.

소통 창구
이메일 nhw1130@hanmail.net

감수

강명주

서울대학교 수학과 (학)
KAIST 응용수학 (석)
UCLA 응용수학 (박)
과학기술한림원 정회원
(현) 서울대학교 수리과학부 교수

전준기

포항공대 수학과 (학)
서울대학교 수리과학부 (박)
(현) 경희대학교 응용수학과 교수

검토

박준규

서울교육대학교 수학교육과 (학)
서울교육대학교 영재교육과 (석)
(현) 홍익대학교부속초등학교 교사

이경원

이화여자대학교 초등교육과 (학)
서울교육대학교 수학교육과 (석)
(현) 서울강남초등학교 교사

박종우

서울시립대학교 수학과 (학)
한국교원대학교 수학교육과 (석)
(현) 원주반곡중학교 수학 교사

오연준

서울시립대학교 수학과 (학)
고려대학교 수학교육과 (석)
(현) 대전유성여자고등학교 수학 교사

이 책은 고차원적인 문제 해결력을 발휘해야 풀리는 문제들을 모아 놓은 책이 아닙니다. 수학의 각 분야에 속하는 주제들을 지문으로 우선 접하고, 이 지문을 읽고, 해석하고, 그 안에서 얻은 정보를 이용하여 규칙성을 찾거나 문제 해결의 키를 얻어 해결해 나가는 구성이 중심이 됩니다. 2022 개정 교육과정 수학 교과의 변화 중 한 가지가 실생활 연계 내용 확대인 만큼, 우리 생활 속에서 수학을 활용하여 분석하고 해결할 수 있는 주제들 또한 다수 수록하였으며 가능하다면 해당 주제와 연결되는 수학 퍼즐도 접할 수 있도록 구성하였습니다.

학교 현장에서 느끼는 것 중 하나는, 확실히 사고력이 중요하다는 것입니다. 사고력, 말 그대로 '생각하는 힘'입니다. 어떤 주제에 대해 탐구하고 고민하며 도출한 지식과 경험은 쉽게 사라지지 않습니다. 지식뿐만 아니라 그 과정에서 다져진 사고의 경험이 마치 근육이 차츰 생성되는 것처럼 단련되어 내 것이 되어 남는 것입니다.

그럼 도대체 사고력은 어떻게 해야 기를 수 있을까요? '질 높은 독서를 많이 하는' 학생들이 이 생각하는 힘을 많이 가지고 있었습니다. 새로운 정보를 접하고 해석하는 이 행위를 꾸준히 해 온 학생들은 새로운 유형이나 주제가 등장해도 두려움보다는 흥미와 호기심을 나타냈습니다.

또한 수학적 사고력을 기르는 데에는 수학 퍼즐만 한 것이 없다고 합니다. 규칙성과 패턴을 파악하여 전략적 사고를 통해 퍼즐을 해결하는 경험은 학생들에게 희열에 가까운 성취감을 줍니다. 더불어 '과제 집착력'이라 칭하는 끈기도 함께 기를 수 있습니다.

아무쪼록 학생들의 수학적 독해력, 탐구심과 사고력 향상에 도움이 되는 책이기를 바라며, 책 집필에 무한한 응원과 지지를 보내 준 우리 반 학생들에게 특별한 고마움을 전하며 글을 마칩니다.

저자 유진

수학을 공부하면서 주변에 수학을 좋아하는 친구들을 많이 봅니다. 수학을 어려워하는 대부분의 사람들과 달리 그들이 공통적으로 이야기하는 점이 있습니다. "수학은 다른 과목과 달리 암기할 것이 없어서 흥미롭다." 학창 시절 수많은 공식을 암기하느라 수학 공부를 포기했던 많은 사람들은 이 말에 공감하기 쉽지 않을 것입니다. 그 이유는 아마 수학을 처음 접할 때 스스로 생각할 수 있는 힘을 기르지 못했기 때문일 것입니다.

이 책은 단순 지식 전달을 최소화하고, 어떤 정보가 주어졌을 때 규칙이나 일반적인 해법을 스스로 찾아갈 수 있는 경험을 제시합니다. 또한 초등 과정에서 중점적으로 길러야 하는 사고력과 논리력 향상에 중점을 두었습니다. 스스로 생각하고 지식을 확장하는 힘을 통해 학생들이 훗날 배울 교과 과정을 단순 암기로 받아들이지 않고 자연스레 지식의 확장으로 받아들이길 바라며 글을 마칩니다.

저자 나한울

구성 및 특징

진정한 수학 영재는 다양하고 고차원적인 두뇌 자극을 통해 만들어집니다.

읽어 보기

흥미로운 학습 주제

학습에 본격적으로 들어가기 전에 각 단원에서 다루는 주요 개념과 연관된 다채로운 내용을 통해 학습자가 수학적 흥미를 느낄 수 있습니다. 과학, 기술, 사회, 예술 등 다양한 분야를 다루고 있어 융합형 수학 인재를 키우는 데 큰 도움이 될 수 있습니다.

생각해 보기

두뇌 자극 교과 연계 학습

단순한 수학적 계산에 초점을 맞춘 것이 아닌 개념 원리를 깨닫고 깊게 사고하며 해결책을 찾을 수 있는 문제로 구성했습니다. 실제 학교에서 배우는 교과 과정과 연결되어 있어 학습자가 부담 없이 접근할 수 있고 두뇌를 자극하는 수준 높은 문제로 사고력을 향상시킬 수 있습니다.

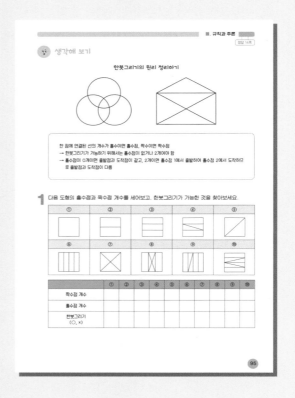

학습 동기를 높여주는 단원 마무리

열심히 공부한 만큼 알찬 휴식도 정말 중요합니다. 수학이 더 즐거워지는 흥미로운 이야기로 학습 자극을 받고 새로운 마음으로 다음 학습을 준비할 수 있습니다.

부록

수학은 수(手)학이다

수학 문제를 연필과 계산기로 정확히 계산하는 것도 중요하지만 직접 손으로 만져보며 체험하며 해결하는 경험이 더 중요합니다. 부록에 담겨 있는 재료로 어려운 수학 문제를 놀이하듯 접근하면 학습자의 창의력과 응용력을 더 키울 수 있습니다.

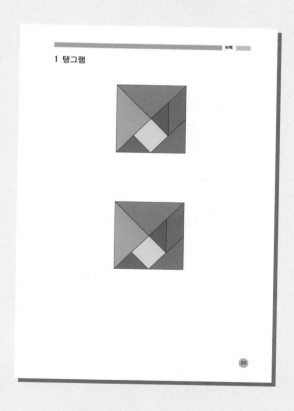

목차

시리즈 구성

교과 연계 초등 영재 사고력 수학 지니 2

교과 연계
초등 영재
사고력수학 지니 3

1 수와 연산

이집트 숫자

😊 **읽어 보기**

세는 것, 그리고 그리는 것은 인간 본능에 의한 재능이 아니었을까요? 문자는 기원전 3000년경 무렵부터 만들어지기 시작하는데 수 세기는 그보다 훨씬 이전부터 이루어졌으니까요. 세는 것은 손가락을 시작으로 폴리페모스처럼 돌멩이나 나뭇가지 등을 이용하다가 나무 막대기나 뼈 등에 선으로 그리는 방법으로 발전합니다. 대표적인 유물로는 1960년대 적도 부근 아프리카 중부지역에서 발견된 이상고(콩고에 있는 지역 이름) 뼈입니다. 어떤 동물의 뼈에 눈금이 여러 개 그려져 있는데, 기원전 20000년경 구석기인들이 수를 센 기록으로 추정하고 있어요.

숫자는 대부분 문자가 만들어지면서 함께 등장했답니다. 마치 문자의 부속품처럼 말이지요. 그래서 문자의 수만큼이나 숫자도 각 지역마다 다양한 모양으로 만들어지게 됩니다. 가장 먼저 등장한 숫자는 바로 이집트 숫자로 약 기원전 3000년 전 즈음 물건의 모습을 본 따 그린 상형문자입니다. 위 사진은 이집트 룩소르에 있는 카르낙 신전에 새겨진 이집트 숫자의 모습입니다. 어떤 숫자를 나타내고 있는지 알아볼까요?

이집트 룩소르 카르낙 신전에 새겨진 이집트 숫자

여러분은 각각의 숫자가 무엇을 나타내는 것 같나요? 이집트 생활에서 영향을 받아 만든 숫자이기 때문에 당시 이집트인들의 삶을 엿볼 수 있어요. 1은 막대기, 10은 **뒤꿈치 뼈**, 100은 감긴 **밧줄**, 1,000은 **연꽃**, 10,000은 **손가락**, 그리고 100,000은 **올챙이**랍니다. 당시에는 연꽃과 올챙이를 주변에서 흔하게 볼 수 있었다는 것을 추측해 볼 수 있어요. 마지막에 있는 100만은 깜짝 놀라는 사람의 모습이랍니다. 아마 이 숫자가 당시 이집트에서는 접하기 힘든 큰 숫자였겠지요? 그런데 이집트 숫자는 수가 커질수록 쓰는 것도 어려워지고 외워야 할 그림도 많아져서 일상적으로 사용하기는 쉽지 않았을 듯합니다.

우리가 현재 쓰고 있는 1, 2, 3, 4, 5, 6, 7, 8, 9, 0은 '아라비아 숫자'라고 불립니다. 역사 속에 등장했던 이집트 숫자, 로마 숫자 등 여러 숫자들은 왜 대부분 사라지고 아라비아 숫자만이 세계 공통으로 널리 이용되고 있는지, 이집트 숫자를 직접 사용해 보고 생각해 볼까요?

1 고대 이집트 사람들은 아래 그림처럼 1을 반복하여 1에서 9까지의 수를 나타내었고, 10 이상의 수는 덧셈을 이용하여 나타내어 사용했다고 합니다.

1 2 3 4 5 ……… 9

ㅣ ㅣㅣ ㅣㅣㅣ ㅣㅣㅣㅣ ㅣㅣㅣㅣㅣ   ㅣㅣㅣㅣㅣㅣㅣㅣㅣ

10312 = 𝓁 ᧙᧙᧙ ∩ ‖

위를 참고하여 이집트 숫자는 십진법의 아라비아 숫자로, 아라비아 숫자는 이집트 숫자로 나타내어 보세요.

❶

❷

374083

❸

❹

23067

2 두 이집트 숫자를 덧셈과 뺄셈을 해 보고 답을 이집트 숫자, 아라비아 숫자 두 가지로 나타내 봅시다. (이집트 숫자를 적을 때, 자릿수가 넘어가면 그림이 달라지는 것을 유의하세요.)

	덧셈 결과	뺄셈 결과
이집트 숫자		
아라비아 숫자		

3 이집트 숫자를 직접 사용해보니 아라비아 숫자와 비교하여 어떤 점이 차이가 있었나요?

2 마방진

😊 **읽어 보기**

　'마방진'이라는 이름의 숫자 배열 풀이를 해 본 적이 있나요? '마방진(魔方陳)magic square'이라는 용어의 뜻을 풀면 '마술적 특성을 지닌 정사각 모양의 숫자 배열'이 됩니다. 전 세계적으로 연구되고 있는 대표적인 숫자 놀이이기도 하지요. 마방진의 기원은 중국 하나라 시대로 거슬러 올라갑니다.

　지금부터 약 4000년 전, 중국 하나라의 우왕 시대 때 일입니다. 옛날 중국의 서울이었던 낙양 남쪽에 황하의 지류인 '낙수'가 있었어요. 우왕은 황하의 범람으로 낙수가 범람하는 것을 막기 위해 제방 공사를 하고 있었습니다. 그때 강 복판에서 커다란 거북 한 마리가 나타났는데, 거북의 등에는 신비한 무늬가 새겨져 있었습니다. 사람들은 이 무늬를 여러 가지로 궁리한 끝에 수로 나타냈습니다.

　무늬를 수로 옮겨 보면 아래와 같아요. 수는 무늬의 점을 세어 나타낸 것입니다.

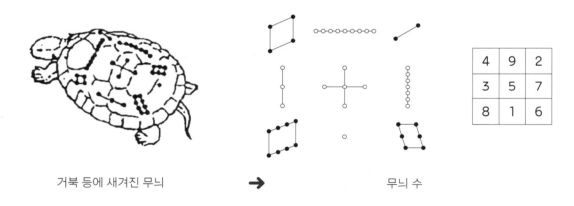

거북 등에 새겨진 무늬　　➡　　무늬 수

　옛날 사람들은 이 신비로운 무늬의 그림을 하늘이 거북을 시켜 인간 세계에 보내 준 것이라고 믿게 되었고, 사람들은 이 수들을 아주 귀하게 여겨 낙수로부터 얻은 하늘의 글이라는 뜻으로 '낙서(洛書)'라고 불렀습니다. 사람들이 이 낙서의 수를 재앙을 막는 수라고 믿게 되면서 미신에 이용되기도 하였답니다.

　이 숫자표는 '방진'이라고 불리며 수놀이로 유행하게 됩니다. 이로 인해 중국이나 한국의 수학책에 방진에 관한 문제가 많이 실리게 됩니다. 중국의 유명한 전력가 제갈공명도 이 마방진을 이용하여 군사를 배치했다고 해요. 이와 같이 군사를 배치하면 어느 쪽을 봐도 군사들의 수가 같기에 같은 수의 군사로 진을 만들어도 전체 숫자가 더 많아 보여 적에게 두려움을 줄 수 있었다고 하네요.

한편 이 방진은 유럽에도 건너가 마방진이란 이름으로 널리 연구되기 시작합니다. 마방진에 대한 연구는 중국, 인도, 아라비아, 페르시아, 유럽 등 수학이 발달한 문명권에서 예외 없이 이루어졌습니다.

김홍도 〈씨름〉

우리나라 민속화에 숨어 있는 마방진도 찾아볼까요? 단원 김홍도는 조선 후기 정조 때의 대표적인 풍속화가로서 옆의 작품은 가장 잘 알려진 그의 작품 중 하나인 〈씨름〉입니다. 씨름을 하는 두 사람의 역동적인 모습을 그림의 중앙에 배치한 후 그들을 중심으로 이를 구경하는 다양한 계층의 사람들의 모습을 표현한 그림이지요.

그런데 도대체 이 작품의 어디에서 마방진의 단서를 찾을 수 있을까요? 단서는 사람들의 수입니다. 씨름을 하는 두 사람을 중심으로 그림을 네 부분으로 나누어 본 후 각 부분에 그려진 사람들의 수를 왼쪽 위부터 시계 방향으로 나열하면 각각 8, 5, 2, 2, 5명입니다. 이를 아래와 같은 형태로 표현하면 가운데 두 명을 중심으로 X자 모양으로 표시하여 연결된 대각선의 합이 모두 12로 똑같은 값을 갖게 됩니다. 이를 X자 마방진이라고 부르는데요. 화가 김홍도가 의도적으로 계산을 하여 그린 것인지, 아니면 균형감을 유지하기 위한 구도가 우연히 X자 마방진이 된 것인지는 알 수 없습니다. 그렇지만 확실한 것은 그림 속의 사람들을 적당히 분산하여 배치시켜 그림의 균형과 조화를 추구하고자 했다는 점이겠지요?

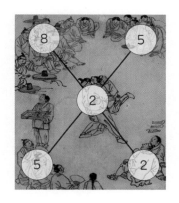

8		5
	2	
5		2

1 마방진의 숫자 배열에서 찾을 수 있는 수학적 특징들을 발견하여 적어 보세요.

4	9	2
3	5	7
8	1	6

2 아래의 마방진은 현재까지는 유일한 것으로 알려져 있는 가로, 세로, 대각선 각각의 합이 모두 15인 3×3 마방진입니다. 돌리기와 뒤집기를 이용하여 같은 쌍의 마방진 4가지를 더 만들어 봅시다.

4	9	2
3	5	7
8	1	6

8	3	4
1	5	9
6	7	2

3 주어진 수를 이용하여 가로, 세로, 대각선의 합이 같아지도록 빈칸을 채워 보세요.

		17
16		12
	18	

10, 11, 12, 13, 14, 15, 16, 17, 18

	5	12
	9	
		8

5, 6, 7, 8, 9, 10, 11, 12, 13

28		12
		16

4, 8, 12, 16, 20, 24, 28, 32, 36

42		
	35	
	63	

7, 14, 21, 28, 35, 42, 49, 56, 63

3 노노그램

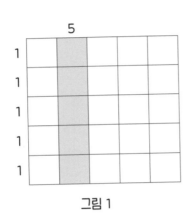 읽어 보기

‘노노그램’은 일본에서 개발된 퍼즐로 한국에서는 ‘네모네모로직’ 또는 ‘네모로직’으로 불리는 숫자 퍼즐입니다. 아래 그림들을 통해 알 수 있는 ‘노노그램’의 규칙은 무엇일까요? 상자밖에 있는 숫자와 색칠된 칸이 서로 어떤 관계가 있는지 잘 생각해 보세요.

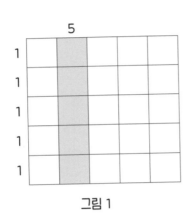

그림 1

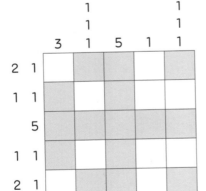

그림 2

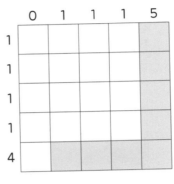

그림 3

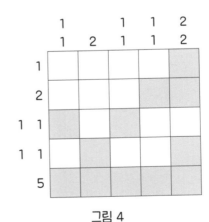

그림 4

◆ 내가 찾은 규칙이 맞는지 답지를 통해 확인합니다.

정답 2쪽

생각해 보기

1 주어진 수의 규칙에 따라 색칠을 해 보고, 발견된 그림에 어울리는 이름도 붙여 봅시다.

난이도 ★★★★★

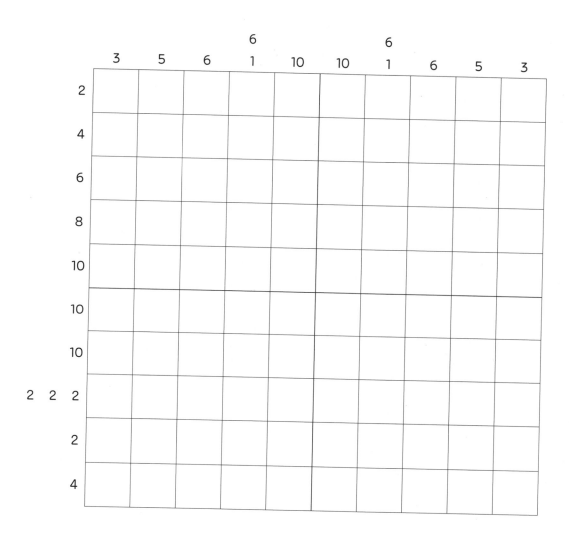

2 주어진 수의 규칙에 따라 색칠을 해 보고, 발견된 그림에 어울리는 이름도 붙여 봅시다.

난이도 ★ ★ ★ ★ ★

			2	1	7	2 4	4 4	7 1	2 4 1	7 2	1 4	2 3
3	3											
1	6	1										
	6											
1	2	1										
	6											
2	3											
	7											
4	2											
1	3											
	6											

24

3 주어진 수의 규칙에 따라 색칠을 해 보고, 발견된 그림에 어울리는 이름도 붙여 봅시다.

난이도 ★ ★ ★ ★ ★

주의! 시간이 오래 걸릴 거예요!

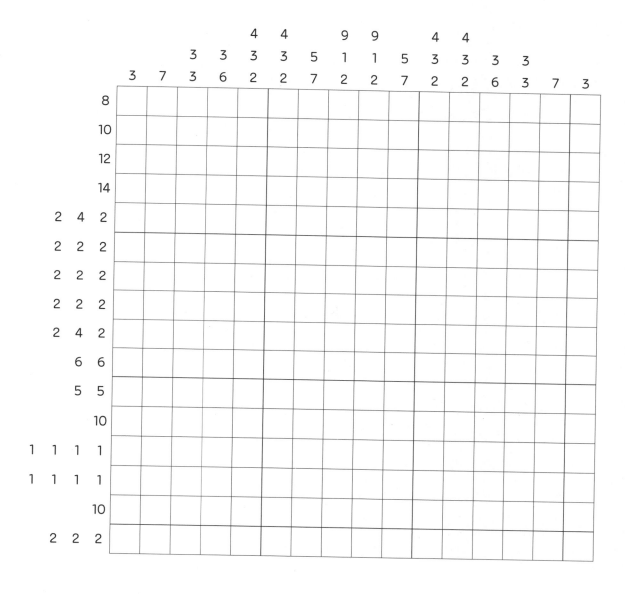

4 거울수와 대칭수

😊 읽어 보기

"제 이름은 똑바로 읽어도 거꾸로 읽어도 우영우입니다. 기러기, 토마토, 스위스, 인도인, 별 똥별, 우영우!" 이름이 '우영우'인 드라마 주인공이 자기소개를 하는 방법입니다. 똑바로 읽어도 거꾸로 읽어도 같은 단어는 또 어떤 것들이 있나요? 일요일, 아시아, 오디오 …. 여러분도 생각 해 보세요. '다시 합시다.', '음식이 많이 식음' 등과 같은 표현도 '똑바로 읽어도 거꾸로 읽어도' 똑같네요. 이러한 표현들은 noon, eye, level, mom, 'Now I won.'처럼 영어에도 존재해요. 이렇게 **앞뒤 어느 방향에서 읽어도 똑같은 단어나 구를 '팰린드롬**palindrome'**이라고 부릅니다.**

수학에도 '팰린드롬' 수가 있어요. 바로 '대칭수'와 '거울수'입니다. 그중 **어느 방향에서 보아 도 똑같은 대칭수**부터 알아봅시다.

숫자 8과 5를 위와 아래로 뒤집어 봅니다.

숫자 8과 5를 왼쪽과 오른쪽으로 뒤집어 봅니다.

8은 위아래, 왼쪽, 오른쪽 어느 방향으로 뒤집어도 모양이 변하지 않지만 5는 달라집니다. 0 부터 9까지의 아라비아 숫자 중 대칭수인 숫자들을 찾는다면, 그 숫자들만 이용하여 무수히 많 은 대칭수를 만들어 낼 수 있어요.

팰린드롬 수의 종류에는 '거울수'도 있습니다. 222, 12321, 2468642의 공통점을 발견했나 요? 앞에서 설명한 대칭수와 비슷해 보이지만, 네 방향 대칭수는 아닙니다. 실제로 이 수들은 위 아래로 뒤집으면 원래의 수대로 읽을 수가 없어요. 222를 뒤집어 보면 확인할 수 있지요? 대칭 수는 아니지만 222는 앞에서 읽어도 뒤에서 읽어도 '이백이십이'로 읽습니다. 이처럼 **어디서부 터 읽어도 항상 같은 수를 거울수라고 부른답니다.**

😊 생각해 보기

1 글을 읽고 대칭수와 거울수의 관계를 잘 생각해 보고 어떤 수가 어떤 수를 포함하는 것인지 빈칸에 적어 봅시다.

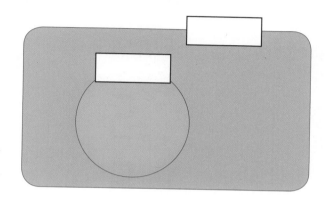

2 아래 숫자표의 빈칸을 채워보며 0, 1, 2, 3, 4, 5, 6, 7, 8, 9라는 열 개의 아라비아 숫자를 위, 아래, 왼쪽, 오른쪽으로 뒤집어 보며 모양이 같은 숫자들을 찾아봅시다.

숫자	0	1	2	3	4	5	6	7	8	9
상하 뒤집기			ᄅ	ᄲ						ϱ
좌우 뒤집기		I	ᄅ				Γ			

❶ 모양이 변하지 않는 숫자 3개는 무엇인가요?

❷ 모양이 변하지 않는 숫자 3개를 모두 이용하여 어느 방향에서 보아도 똑같은 수 5가지를 만들어 적어 보세요.

3 디지털 시계에는 아래와 같이 0부터 9까지 총 10개의 숫자가 사용됩니다. 그런데 디지털 시계가 나타내는 00:00 ~ 12:00 사이에는 좌우로 뒤집어져도 같은 시각으로 보이는 시각이 존재합니다. 이와 같은 시각은 모두 몇 번이 있을까요? 물음에 답하며 생각해 봅시다.

❶ 아래 표에 좌우로 뒤집어진 디지털 숫자를 채워 봅시다.

0		5	
1		6	
2		7	
3		8	
4		9	

❷ 디지털 숫자를 좌우로 뒤집었을 때 같은 숫자가 되는 숫자에는 무엇이 있나요?

❸ 00:00 ~ 12:00 사이에 좌우로 뒤집어도 같은 시각으로 보이는 시각을 모두 써 보세요.

4 다음은 거울수를 만드는 방법입니다.

순서	예시
① 두 자리 수 적기	78
② ①에 적은 수를 거꾸로 적은 후 두 수를 더하기	87 → 78 + 87 = 165
③ 그 답을 거꾸로 한 수를 적기	561
④ 두 수를 더하기	561 + 165 = 726
⑤ 이 과정을 반복	627 + 726 = 1353, 1353 + 3531 = 4884 (거울수 탄생)

❶ 위와 같이 직접 거울수를 2개 직접 만들어 보세요.

❷ 세 자리 수 251로 거울수를 만들려 합니다. 덧셈을 몇 번 해야 거울수가 나오나요?

5 2022년 5월 22일은 20220522로 표현할 수 있습니다. 2000년 이후 날짜 중 2와 0만 이용해서 표현할 수 있는 거울수를 모두 적어 보세요.

연산을 이용한 수 퍼즐

😀 읽어 보기

여러분에게 익숙한 사칙연산인 덧셈, 뺄셈, 곱셈, 나눗셈을 이용한 퍼즐을 해 본 적 있나요? 앞에 나온 주제인 '마방진'도 수 퍼즐의 일종이라고 할 수 있습니다.

오늘 소개할 에리히 프래드만Erich Friedman은 미국 스테트슨 대학 수학과 교수이자 유명한 퍼즐리스트입니다. 어린 시절부터 체스, 카드 게임, 백개먼(두 사람이 하는 서양식 주사위 놀이), 마작 등 여러 게임들을 즐겼던 프래드만이 이제 유명한 게임 이론 과정들을 가르치고 있는 것이지요.

프래드만은 여러 종류의 퍼즐을 소개하는 사이트인 〈Erich's Puzzle Palace〉를 만들어 여러 사람들이 즐겁게 수학 퍼즐을 즐길 수 있도록 했어요.

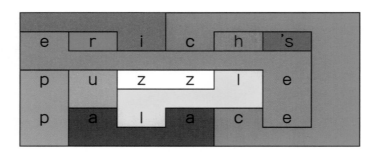

프래드만의 퍼즐 사이트에 들어가면 사이트 이름인 〈Erich's Puzzle Palace〉가 위와 같은 퍼즐로 나타납니다. 그가 만든 수많은 퍼즐들은 두뇌 게임, 세계퍼즐선수권대회, 게임 등에 이용되며, 교과서에도 나올 만큼 유명하답니다.

다음은 프래드만의 퍼즐 중 여러분이 **사칙연산**을 활용해 풀 수 있는 퍼즐 3가지입니다. 규칙에 맞게 퍼즐을 해결해 봅시다.

① 육각 퍼즐

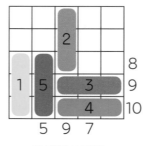

② 배틀십 퍼즐

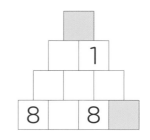

③ 피라미드 퍼즐

생각해 보기

1 육각 퍼즐에 대해 알아보고, 규칙에 따라 길을 그리고 등식을 써 보세요.

| 예시 |

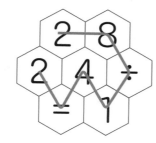

$$28 \div 14 = 2$$

| 규칙 |

① 육각형 안의 모든 숫자, 연산 기호를 빠뜨리지 않고 모두 한 번씩만 지나가는 길을 그립니다.

② 그려진 길에 있는 숫자와 연산 기호를 순서대로 쓰면 옳은 등식이 나옵니다.

③ 사칙연산이 혼합된 식은 나오지 않습니다. (사칙연산의 혼합계산은 5학년 과정에 나옵니다.)

❶

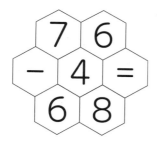

❷

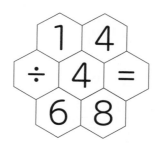

❸

❹

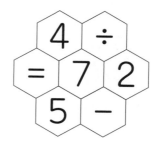

2 배틀십 퍼즐에 대해 알아보고, 퍼즐을 완성해 보세요.

| 예시 및 규칙 |

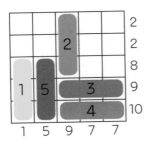

① 3칸짜리 배틀십 5척을 칸을 따라 가로 또는 세로로 그립니다.

② 각 배틀십은 숫자 1~5를 나타냅니다. (한 숫자당 1척 총 5척)

③ 각 배틀십은 서로 겹쳐서 위치할 수 없습니다.

④ 표 아래에 적힌 1, 5, 9, 7, 7은 각각의 숫자가 적힌 열(세로줄)에 위치한 배틀십에 적힌 수의 합, 표 오른쪽에 적힌 2, 2, 8, 9, 10은 각각의 숫자가 적힌 행(가로줄)에 위치한 배틀십에 적힌 수의 합을 나타냅니다.

❶

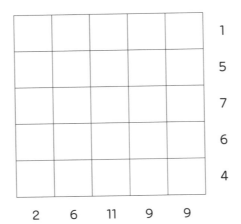

❷

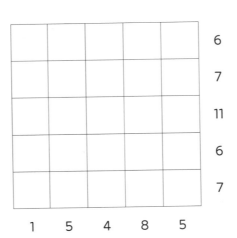

3 피라미드 퍼즐에 대해 알아보고, 퍼즐을 완성해 보세요.

| 예시 |

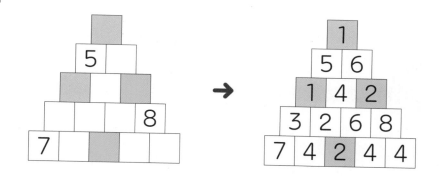

| 규칙 |

① 1부터 9까지의 숫자가 빈칸에 들어갑니다.

② 바로 아래 두 칸에 있는 숫자들의 합 또는 차가 위 칸에 들어갑니다.

③ 같은 색으로 표시된 칸에는 같은 숫자가 들어갑니다.

❶

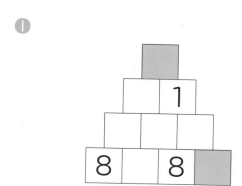

❷

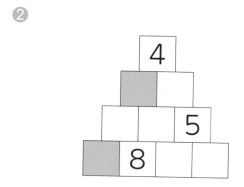

😊 **읽어 보기**

카프리카수

인도의 어느 철도 선로에는 3025킬로미터라고 쓰여 있는 이정표가 세워져 있었습니다. 어느 날 태풍이 몰아쳐 이정표가 쓰러지면서 두 조각이 났습니다. 이 네 자리의 숫자에는 어떤 비밀이 있을까요?

이 지역을 지나가다가 쓰러진 이정표를 본 인도의 수학자 '**카프리카**'는 퍼뜩 떠오르는 것이 있었습니다.

"앗, 숫자가 이상한걸?

30+25=55이고 55의 제곱 즉, 55×55=3025잖는가?

원래의 숫자가 다시 태어난 것이 아닌가?"

이때부터 그는 이 방면의 숫자를 수집하는 데 심혈을 기울였습니다. 그리고 이렇게 **어떤 수의 제곱수를 두 부분으로 나누어 더하였을 때 다시 원래의 수가 되는 수들을** '**카프리카수**'라고 정의내립니다. 2025, 3025, 9801 등의 수가 카프리카수에 속하지요. 카프리카수는 네 자리에만 제한되어 있지 않기 때문에 더 큰 숫자들에서도 발견되고 있어요. 미국 수학자 헌터가 발견한 숫자를 예로 들어볼까요?

60481729를 앞, 뒤 두 부분으로 나누어 더하면 어떨까요?

6048+1729=7777

7777×7777=60481729이 됩니다.

자, 그럼 지금부터 카프리카수처럼 흥미로운 규칙이 있는 수들의 연산을 해 보며 숨겨진 규칙을 찾아볼까요?

생각해 보기

1 세상에서 가장 신비한 수 중 하나는 142857이라는 수입니다. 이 수에서 발견할 수 있는 규칙에는 어떤 것이 있을까요?

❶ 142857에 1부터 차례로 곱해보면 어떤 규칙을 발견할 수 있을까요?

$142857 \times 1 = 142857$

$142857 \times 2 = 285714$

$142857 \times 3 = 428571$

$142857 \times 4 = 571428$

$142857 \times 5 = 714285$

$142857 \times 6 = 857142$

〈발견한 규칙〉

❷ 이번에는 142857로 또 다른 규칙을 찾아봅시다. 142857×142857을 계산하면 얼마가 나오는지 계산기를 이용하여 계산해 봅니다. 나온 결과의 수를 앞에서 5개, 다음은 6개의 숫자 두 부분으로 나누어 더하면 어떤 결과가 나올까요?

a. 142857×142857	
b. 앞자리 수 5개를 적어 보세요.	
c. 뒷자리 수 6개를 적어 보세요.	
d. 두 수를 더하면 어떤 수가 나오나요?	

❸ 이러한 수를 어떤 수라고 부르나요?

2 우리가 무심코 외워서 활용하는 구구단에서 9단에는 어떤 원리가 숨어 있을까요? 아래 표를 채우며 9단에 숨겨진 비밀을 찾아보세요.

곱하기	답	곱의 답을 나타내는 일의 자리 숫자와 십의 자리 숫자 더하기	답
1×9			
2×9	18	1+8	9
3×9			
4×9			
5×9			
6×9			
7×9			
8×9			
9×9			
10×9			

〈발견한 규칙〉

3 글을 읽고, 문제를 풀어 봅시다.

숫자 9는 신기한 성질을 많이 가지고 있어요. 유명한 사람들의 출생일과 사망일에는 모두 숫자 9가 숨어 있답니다. 충무공 이순신 장군님은 1545년 4월 28일에 탄생하셨습니다. 이순신 장군님의 탄생일로 숫자 9의 마술을 살펴볼까요?

첫째, 이것을 일련의 숫자로 나타내면 15450428이 됩니다.
둘째, 그 다음 이 숫자의 순서를 마음대로 바꾸어 다른 숫자를 만듭니다.
(예를 들어 85205414을 얻었다고 합시다.)
셋째, 위의 두 수 중 큰 수에서 작은 수를 뺍니다.
85205414-15450428=69754986
넷째, 이 숫자를 구성하는 각 자리의 숫자를 합하면
6+9+7+5+4+9+8+6 = 54
합이 일의 자리 수가 아닌 경우이므로 다시 각 자리의 숫자를 합하면
5+4=9

[문제] 포르투갈 출신 세계적인 축구선수인 호날두 선수의 생일로 글의 내용을 확인해 봅시다.
호날두 선수의 생일은 1985년 2월 5일입니다.

첫째, 이것을 일련의 숫자로 나타내면 (   )가 됩니다.
둘째, 이 숫자의 순서를 마음대로 바꾸어 다른 숫자를 만듭니다.
81509502(예시)
셋째, 위의 두 수 중 큰 수에서 작은 수를 뺍니다.
(   ) – (   ) = (   )
넷째, 이 숫자를 구성하는 각 자리의 숫자를 합하면 (   )
★ 답이 일의 자리로 나오지 않은 경우, 다시 각 자리의 숫자를 합하면
   (   )

출처: 위키피디아

★ 나의 생년월일을 넣어 계산해 보세요!

인기 많은 숫자, 인기 없는 숫자?

여러분이 가장 좋아하는 숫자는 무엇인가요? 3, 7이 떠오른 친구들이 많을 것 같습니다. 전통적으로 우리나라 신화 속에는 3이라는 숫자가 자주 등장하며 신성하게 여겨졌습니다. 삼위일체의 신으로 아이에게 뼈, 살, 영혼을 주며 아이를 점지해 주는 삼신(三神) 할머니도 있고, 건국신화의 삼신은 환인, 환웅, 단군을 의미하기도 합니다.

우리나라뿐만 아니라 다른 나라들에서도 사랑받는 숫자, 외면 받는 숫자들이 있답니다. 중국인들에게 가장 인기 많은 숫자는 돈을 번다는 의미의 발(發)자와 발음이 같은 숫자 8이라고 해요. 8이 얼마나 중국인들에게 사랑받는 숫자냐면, 2008년에 열린 베이징 올림픽은 8월 8일 저녁 8시에 개최되었고, 8이 연속되는 자동차 번호판과 휴대폰 번호들은 엄청난 가격에 낙찰되고 있다고 합니다.

8월 8일 저녁 8시에 개최된
2008 베이징 올림픽 개막식

행운의 숫자 777

미국, 유럽 등 서구 문명에서 가장 좋아하는 숫자는 7입니다. 7은 기독교에서 많이 등장하는데, 창세기에 등장하는 하나님이 세상을 만든 시간이 7일, 하나님의 명령으로 노아의 방주에 동물들을 전부 실은 지 7일 만에 홍수가 났답니다. 또 요셉이 이집트의 7년 풍년, 7년 가뭄을 예언하는 장면도 성경에 나오지요. 이렇게 숫자 7이 서구 사회에서 매우 의미 있다 보니 슬롯머신 게임의 잭팟도 행운의 숫자 777이랍니다.

공포의 날이 되어버린 13일의 금요일

13층이 없는 엘리베이터

반면 서구 기독교 문화권에서 가장 싫어하는 숫자는 13입니다. 13일의 금요일은 공포의 대상으로 이제는 전 세계적으로 유명한 날짜가 되어버렸어요. 예수님의 최후의 만찬에 예수와 12제자를 포함한 13명이 참석했는데, 13번째로 온 사람이 배신자 가롯 유다였답니다. 또한 에덴동산에서 이브가 아담에게 금단의 열매를 먹도록 유혹한 날, 노아가 홍수를 만난 날이 모두 '13일의 금요일'이었다고 하니, 기독교와 아주 깊은 연관이 있다고 말할 수 있습니다. 그래서인지 13일의 금요일에는 결혼, 이사를 하는 횟수가 눈에 띄게 적다고 하네요!

동양인들에게 공포의 숫자는 무엇일까요? 한국, 중국, 일본 동양 3국 문화권에서는 글자의 발음이 '죽을 사(死)' 자와 같기 때문에 숫자 '4'에 대한 거부감이 큽니다. 혹시 엘리베이터를 탔을 때 4층을 'F' 등으로 표시하거나 아예 빼버리고 3층에서 5층으로 뛰는 경우를 본 적 있지 않나요? 실제로 몇몇 높은 건물들을 돌아다녀 보면 이 사실을 쉽게 확인할 수 있답니다. 병원의 경우 특히 4층을 F층으로 표시하는 경우가 많다고 해요. 재미있는 것은 서양에는 13층이 표시되지 않은 건물들이 많다고 합니다. 이렇게 문화와 언어 등에 의해 나라마다 사랑받는 숫자나 외면 받는 숫자가 다르다는 사실, 흥미롭지 않나요?

2 도형과 측정

😊 **읽어 보기**

나폴레옹도 즐기던 '탱그램'

지하철 5호선 김포공항역에 내리면 360여개의 조각으로 이루어진 작품들을 볼 수 있습니다. 7개의 나무 조각을 지혜를 짜서 교묘하게 배열하는 전통놀이 중 하나인 칠교판 놀이를 다양한 색을 이용해서 작품화한 것입니다. 단순해 보이는 일곱 조각의 도형으로 사람, 동물, 식물, 건축물 등 다양한 모양을 만들 수 있지요.

고대 중국의 가정집에서는 손님이 찾아왔을 때 음식을 준비하는 동안, 손님이 지루하지 않도록 주인이 칠교판을 준비하여 칠교놀이를 하였다고 해요. 이런 까닭에 칠교놀이를 '유객(손님을 머무르게 함)판'이라고도 불렀답니다. 칠교놀이는 정사각형 모양을 잘라 만든 7개의 조각들로 사람이나 동물의 여러 가지 형태와 표정, 도형, 기호, 촛대, 집, 배, 숫자 모양 등 여러 가지의 독창적인 모양을 만드는 게임입니다. 이 때 **반드시 일곱 조각을 모두 사용해야 하는 것이 원칙**이에요. 칠교라는 이름은 이 나무판이 7개로 이루어진 데서 유래되었답니다.

칠교놀이가 서양에 알려진 것은 1805년 독일에서 칠교놀이에 관한 책이 발간된 이후부터입니다. 유럽인들은 칠교놀이를 '탱 할아버지Grandfather Tang가 만든 도형'이라는 의미에서 '탱그램Tangram'이라 불렀다고 해요.

미국의 유명한 작가 애드가 앨런 포우는 상아로 칠교놀이를 만들었고, 이 놀이에 아주 푹 빠져 살았다고 합니다. 프랑스의 황제 나폴레옹은 황제 자리에서 쫓겨나 세인트 헬레나에서 마지막 여생을 고독하게 보낼 때, 그 고독을 이 칠교놀이로 달랬다고 전해지고 있어요.

🙂 생각해 보기

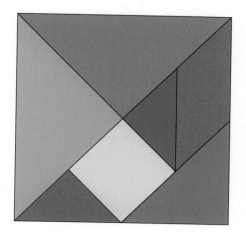

1 아래 알파벳 'I' 대문자, 소문자 각각을 탱그램 조각 모두를 사용하여 완성되도록 선을 그어 보세요. (부록: 탱그램)

◆ 부록의 탱그램을 이용하여 탱그램 조각 배치를 먼저 해 보아도 좋습니다.

2 탱그램 조각으로 다음 모양을 만들어 보고, 탱그램 정사각형을 단위넓이 1로 하였을 때, 다음 도형들의 넓이는 얼마가 되는지 적어 보세요. (부록: 탱그램)

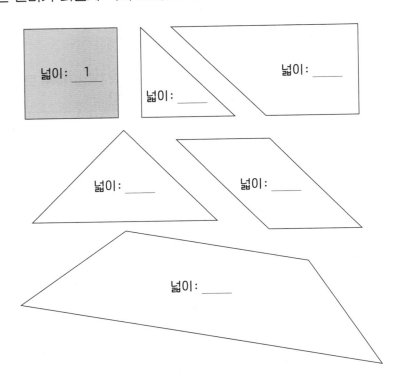

3 문제 순서대로 탱그램 조각을 차례로 옮기면서 도형을 만들어 봅시다. (부록: 탱그램)

❶ 탱그램 조각을 모두 사용하여 정사각형을 만들어 봅시다.

❷ 정사각형의 모양에서 2개의 조각을 이동시켜 정사각형이 아닌 직사각형을 만들어 봅시다.

❸ 위 ❷번 직사각형에서 한 개의 조각을 움직여 직각삼각형을 되도록 만들어 봅시다.

❹ 위 ❷번 직사각형에서 한 개의 조각을 움직여 사다리꼴을 만들어 봅시다.

4 아래 그림에서 찾을 수 있는 크고 작은 직각삼각형은 모두 몇 개인가요?

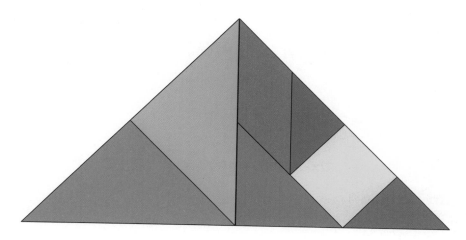

5 탱그램의 넓이를 아래와 같이 계산할 때, 오른쪽 집의 넓이는 얼마인가요?

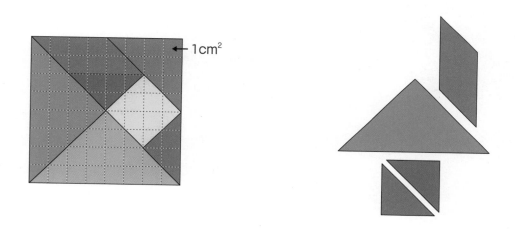

← 1cm²

읽어 보기

　퍼즐의 한 종류인 소마큐브Soma cube의 창시자는 덴마크의 수학자 피에트 하인Piet Hein입니다. 1936년 어느 날, 그는 양자 물리학 강의를 듣던 중에 이 퍼즐을 고안하게 되었습니다. 그 강의는 공간이 어떻게 정육면체들로 잘게 나누어질 수 있는가에 관한 것이었고, 피에트는 고민 끝에 이러한 결론을 내립니다.

　'크기가 서로 같고 면이 서로 접하는 큐브 4개 이하로 조합된 불규칙한 모양들로 조금 더 커다란 정육면체를 만들 수 있다.'

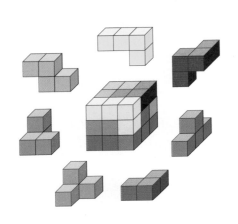

　그는 결국 정육면체를 이루는 7개의 조각들을 찾았고, 이 조각들이 정육면체를 만들 수 있는 여러 가지 경우의 수들을 하나하나 찾아가기 시작했어요. '소마'는 어떤 소설에 등장하는 마약 이름인데, 그는 이 활동이 너무나 재미있고 푹 빠져들 만큼 중독적이었는지 이 큐브를 '소마'라고 이름 지었습니다.

　정육면체인 소마큐브를 구성하는 작은 정육면체들은 모두 27개입니다. 모두 모여 3×3×3인 큰 정육면체인 소마큐브를 완성시키는 것이지요. 큐브 자체를 만드는 방법에는 240가지가 있습니다. 단순한 7개의 소마 조각들로부터 수많은 기하학적 경우의 수들이 나오게 되는 것이랍니다.

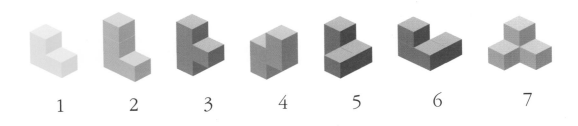

1　　2　　3　　4　　5　　6　　7

생각해 보기

1 소마 5번과 6번 조각을 옆, 앞, 위에서 본 모습을 그려 보세요.

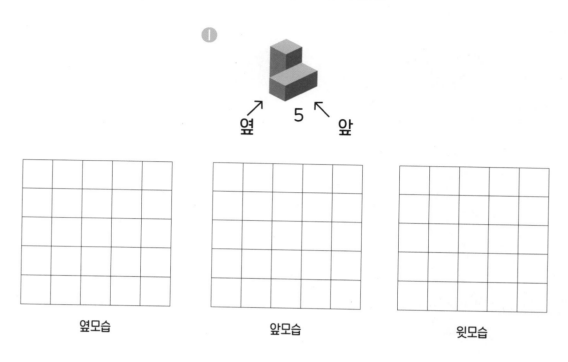

옆모습　　　　　앞모습　　　　　윗모습

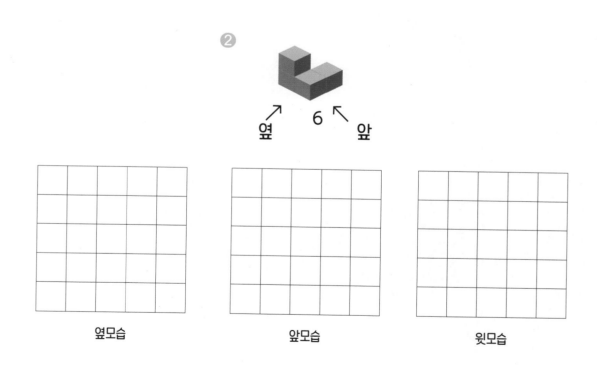

옆모습　　　　　앞모습　　　　　윗모습

2 다음 중 종류가 다른 큐브는 몇 번인가요?

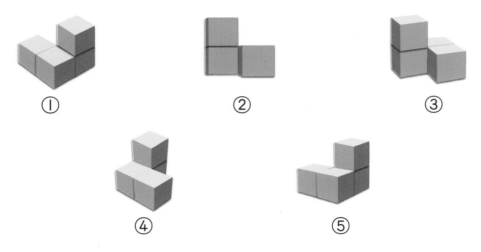

3 7개의 소마큐브 중에서 2~3개를 골라 입체 도형을 만들었습니다. 어떤 조각들을 사용했는지 46쪽을 참고해서 답을 써 보세요.

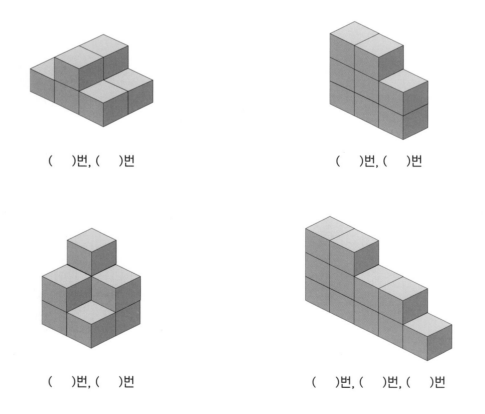

4 아래 예시는 소마큐브 7개의 조각의 위치를 표에 기록한 것입니다. 예시와 같이 조각의 위치를 적어 보세요.

| 예시 |

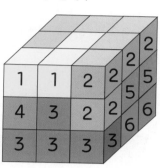

윗면

4	5	2
4	1	2
1	1	2

중앙

7	5	5
4	6	5
4	3	2

바닥

7	7	6
7	6	6
3	3	3

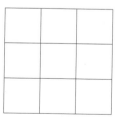

윗면

중앙

바닥

3 라인 디자인

😊 **읽어 보기**

직선이 일정한 규칙으로 모여 곡선으로 변하면서 아름다움을 표현하는 수학 미술, **라인 디자**
인line design(스트링 아트string art로 불리기도 함)에 대해 알아봅시다. 아래 사진들은 라인 디자인
이 적용된 작품이에요. 여의도 샛강다리는 라인 디자인의 아름다움을 감상할 수 있는 대표적인
건축물이랍니다.

 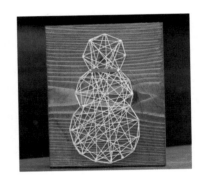 

라인 디자인 작품들

아래의 모양을 보면 마치 컴퍼스를 이용한 곡선으로 그린 모양으로 보이지요? 하지만 모두
곧은 선만을 이용하여 작도한 것이랍니다. 내가 원하는 모양으로 라인 디자인 작품을 완성시키
려면 우선 라인 디자인의 원리를 알아야 합니다.

 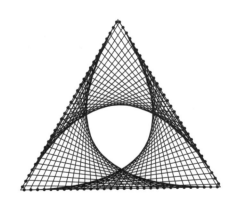

🤔 생각해 보기

1 자를 이용하여 어떻게 라인 디자인을 완성할 수 있을까요? 원리를 알아봅시다.

(1) 서로 수직하는 두 선분을 긋습니다.

(2) 각 변을 같은 수의 점으로 등분합니다.

(3) 점 가, 점 나, …, 점 바끼리 선분으로 잇습니다.

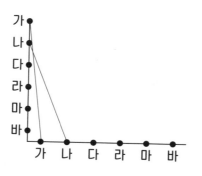
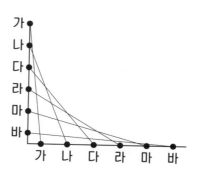

위와 같은 방법으로 점을 연결하였을 때 어떤 모양이 될까요? 모양을 예상해 보고 실제 자와 연필을 이용하여 라인 디자인을 해 보세요.

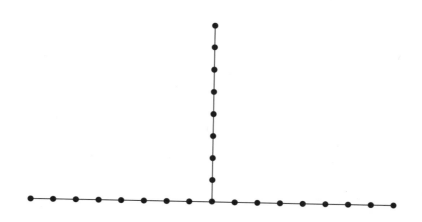

2 다음 원에는 총 16개의 점이 찍혀 있습니다. 뛰어 세기를 하며 선을 자로 연결해 봅시다.

2칸씩 뛰어 세기

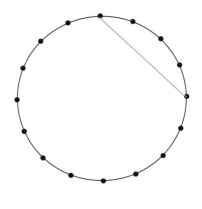

4칸씩 뛰어 세기

5칸씩 뛰어 세기

6칸씩 뛰어 세기

3 같은 수끼리 곧은 선을 그어 연결해 본 후, 어떤 모양이 나오는지 관찰해 봅시다.

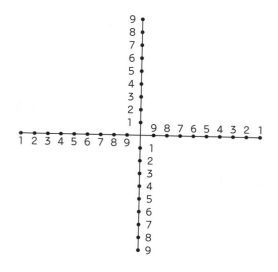

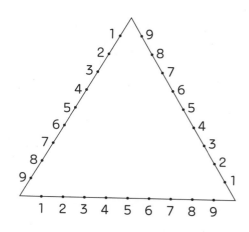

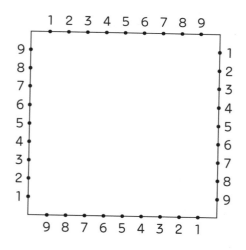

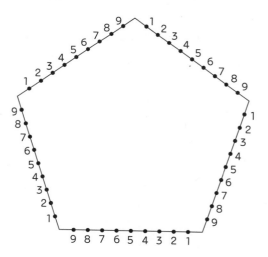

4 홀수에서 짝수를 연결하는 곧은 선을 그어 봅시다. 예를 들어, 1(홀수)부터 시작한다면 1과 모든 짝수를 각각 연결해 보세요.

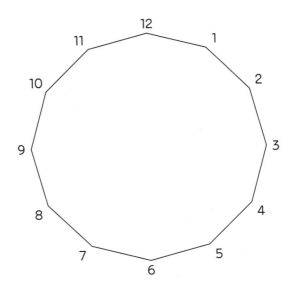

5 아래 그림을 활용하여 라인 디자인을 해 봅시다.

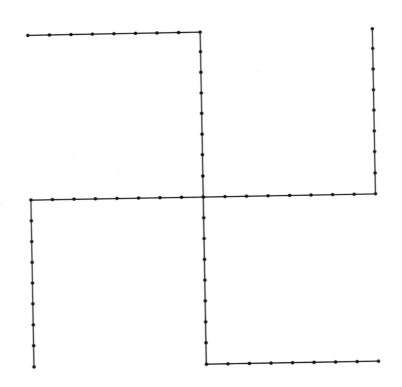

6 다음은 알파벳을 라인 디자인한 것입니다. 각각의 알파벳을 어떻게 라인 디자인했을지 예상해 보고, 한 가지를 골라 라인 디자인을 해 보도록 합시다.

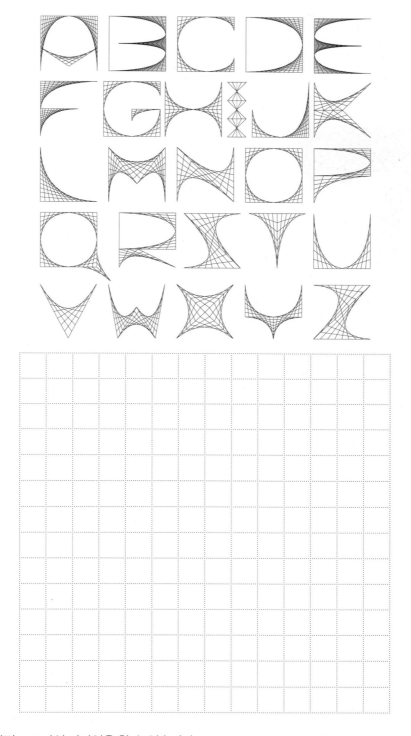

◆ 위 예시들과 다른 방법으로 라인 디자인을 할 수 있습니다. 답지에 예시 작품들이 수록되어 있습니다.

4 테트라미노 & 펜토미노

읽어 보기

영국의 정복왕 윌리엄 1세의 아들과 프랑스의 황태자가 만나서 주로 하는 놀이가 체스였다고 합니다. 승부욕이 강한 프랑스의 황태자는 윌리엄 1세의 아들에게 체스 시합을 하자고 제안했고, 이 제안을 들은 윌리엄 1세의 아들은 놀이로써만 즐기다가 시합을 하는 것도 괜찮겠다고 여겨, 그 제안에 흔쾌히 응했습니다.

며칠 후, 윌리엄 1세의 아들과 프랑스의 황태자가 체스 시합을 하게 되었고, 모든 게임이 그러하듯 승자와 패자가 나왔겠지요? 이 시합의 승자는 영국 윌리엄 1세의 아들이었습니다. 프랑스의 황태자는 시합에서 지게 되자 화를 참지 못하고 윌리엄 1세의 아들에게 체스판을 던져 버렸습니다. 이에 질세라, 윌리엄의 아들도 화가 난 나머지 자신의 앞에 있던 체스판을 황태자의 머리에 대고 힘껏 내리쳤다고 합니다.

그 두 사람은 그 이후로 체스 시합을 하지 못했습니다. 체스판이 산산조각 나버렸기 때문입니다. 졸지에 신하들은 조각한 체스판을 맞추어야 하는 미션이 생긴 셈이었지요. 그런데 이 조각난 체스판 때문에 신하들은 골머리를 앓았다고 합니다. 그 이유는 체스판이 13개의 조각으로 나누어졌는데, 이상하게도 **12개의 펜토미노 조각과 1개의 테트라미노 조각으로 쪼개어졌기** 때문입니다. 어떻게 13개의 조각으로 쪼개어졌을까요? 펜토미노에 대해 알아보고 체스판을 맞추어 봅시다.

> 테트라미노 : 4개의 정사각형으로 이루어진 다각형
> 펜토미노 : 5개의 정사각형으로 이루어진 다각형

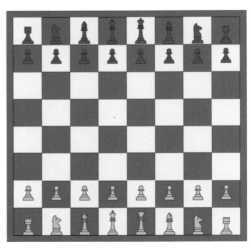

생각해 보기

1 펜토미노 조각은 총 12가지입니다. 펜토미노를 기준에 따라 분류해 봅시다.

◆ 뒤집었을 때 같은 모양이 나오면 같은 펜토미노 조각입니다.

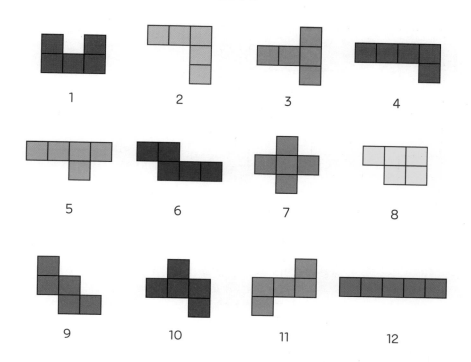

❶ 정사각형 한 변의 길이가 1일 때, 둘레가 10인 조각과 12인 조각으로 분류하기

둘레의 길이	10	12
펜토미노 조각		

❷ 정사각형 한 칸을 한 번만 지나갈 수 있을 때, 연필을 떼지 않고 한 번에 그릴 수 있는 것과 그릴 수 없는 것

기준	한 번에 그릴 수 있음	한 번에 그릴 수 없음
펜토미노 조각		

❸ 어느 하나의 선을 기준으로 접었을 때 완전히 겹쳐지는 것과 그렇지 않은 것

기준	완전히 겹쳐짐	겹쳐지지 않음
펜토미노 조각		

2 서로 다른 모양의 펜토미노를 이용하여 모양이 같은 도형을 만들어 봅시다. 색깔이 다른 색연필을 이용하여 그려 봅시다.

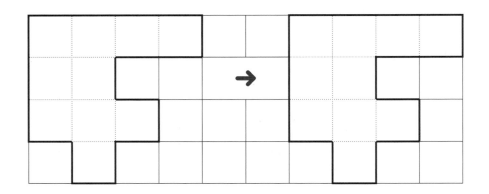

3 12개의 펜토미노 조각을 모두 활용하여 직사각형을 만들어 보세요. (부록: 펜토미노)

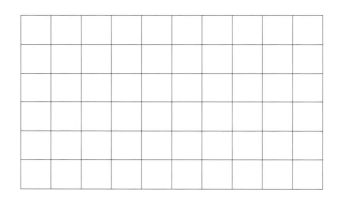

4 다음 펜토미노 퍼즐을 해결해 보세요.

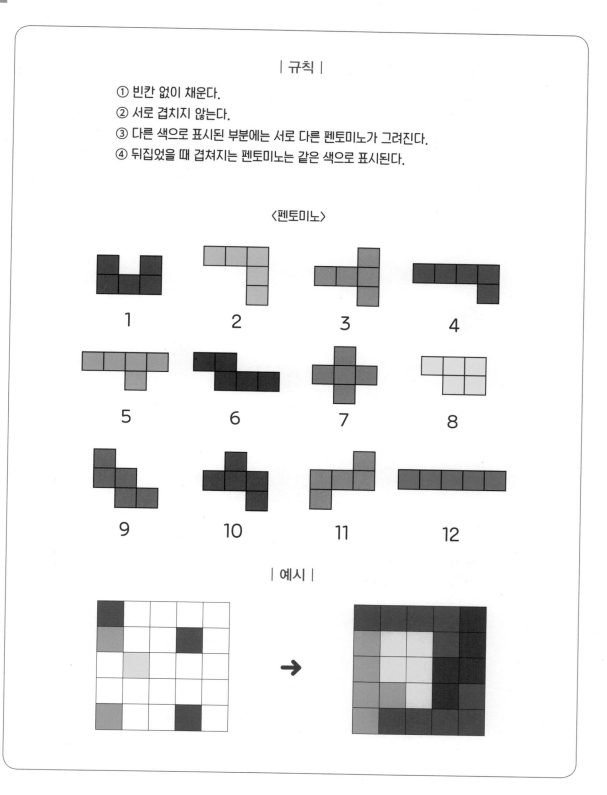

| 규칙 |

① 빈칸 없이 채운다.
② 서로 겹치지 않는다.
③ 다른 색으로 표시된 부분에는 서로 다른 펜토미노가 그려진다.
④ 뒤집었을 때 겹쳐지는 펜토미노는 같은 색으로 표시된다.

〈펜토미노〉

1 2 3 4

5 6 7 8

9 10 11 12

| 예시 |

①

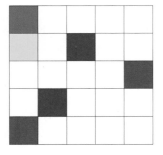

②

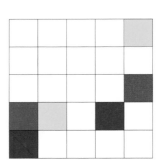

③

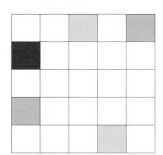

④

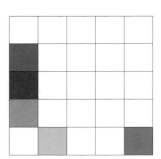

⑤

5 테트라미노는 4개의 정사각형으로 이루어진 다각형입니다. 테트라미노 5가지를 모두 찾아 그려 보세요. (뒤집었을 때 같아지는 테트라미노는 서로 같은 테트라미노입니다.)

6 윌리엄 1세의 아들과 프랑스의 황태자가 체스판을 어떻게 13개로 조각냈는지 그중 한 가지 방법을 찾아봅시다. (부록: 펜토미노)

12개의 펜토미노 조각
1개의 테트라미노 조각

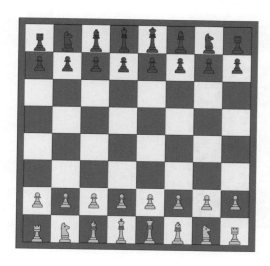

5 테셀레이션과 정다각형

😊 **읽어 보기**

우리가 주변에서 흔히 볼 수 있는 보도블록이나 타일의 모양을 유심히 살펴본 적이 있나요? 같은 모양이 빈틈없이 규칙적으로 평면을 덮고 있는 것을 발견할 수 있어요. 도형을 반복적으로 배열하여 틈이나 겹침 없이 평면이나 공간을 완벽하게 덮는 것을 '**테셀레이션**tessellation' 또는 '**타일링**tiling'이라고 합니다. 라틴어로 tessella는 작은 정사각형을 뜻하는데, 테셀레이션의 기본 형태는 정사각형을 이어 붙이는 것이기 때문이죠. 또한 테셀레이션은 우리말로 '쪽매 맞춤'이라고 부르는데 욕실의 타일, 전통 조각보, 퀼트 등 생활 주변에서 쉽게 찾아볼 수 있답니다.

아래 사진들을 살펴볼까요? 왼쪽 위의 사진은 길가의 보도블록, 왼쪽 아래의 사진은 알람브라 궁전의 타일 무늬랍니다. 오른쪽 위의 사진은 우리나라 전통 조각보입니다. 이 조각보는 삼각형으로 채워져 있네요. 오른쪽 아래 사진은 테셀레이션의 대가 에셔Escher라는 디자이너의 작품입니다. 다른 세 사진 속 무늬들과는 다르게 같은 모양의 다각형이 아닌데도 무늬가 반복되며 빈틈없이 평면을 채우고 있습니다.

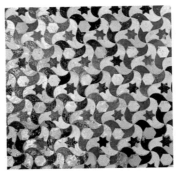

이 테셀레이션을 정의한 사람이자, 예술로 승화시킨 작가가 바로 에셔랍니다. 20세기를 대표하는 네덜란드의 화가 에셔는 판화가이자 그래픽 디자이너로서, 수학적으로 계산된 세밀한 선을 사용하여 독창적인 작품을 창조해낸 초현실주의 작가로 유명해요.

에셔가 1922년 스페인의 그라나다에 있는 알람브라 궁전을 여행하면서부터 그의 독창적 예술세계가 피어나기 시작했다고 해요. 14세기의 이슬람 궁전인 알람브라 궁전에서 에셔는 평면 분할 양식, 기하학적인 패턴을 접하며 일생에 영향을 미친 예술적 영감을 얻게 된답니다. 1936년, 그는 다시 한번 알람브라 여행을 다녀오면서 그 독특한 기하학적 문양을 그림에 도입하기 시작했고, 새와 사자 같은 동물들을 반복된 문양으로 표현해냈어요. 이 무렵부터 에셔만의 독특한 작품들이 탄생하기 시작했습니다.

에셔는 디자인에 대한 수학적 호기심을 멈추지 않고 이어나가 수학자 펜로즈의 삼각형 이론, 뫼비우스의 띠 등 어려운 수학 원리들을 쉽고 독창적인 방식으로 시각화해서 그렸습니다. 그의 작품은 수학과 심리학에도 깊은 영향을 주었어요.

에셔

알람브라 궁전

그렇다면 이러한 작품들을 탄생시킨 에셔는 수학을 매우 잘하는 학생이었을까요? 놀랍게도 에셔는 스스로를 수학을 거의 포기한 학생이었다고 표현했답니다. 하지만 에셔의 기하학적 이해는 아주 깊었다고 합니다. 수학이 어려워서 포기하고 싶은 친구들이 있나요? 포기하지 말고 수학과 조금 더 가까워져 보아요.

더 알아보기

• 에셔의 여러 가지 작품

위 그림 외에 더 다양한 에셔의 작품들을 감상해 봅시다.

→ 주소 https://mcescher.com/gallery/mathematical/

스캔해 보세요!

생각해 보기

1 실생활에서 테셀레이션을 본 적이 있나요? 어떤 부분에서 테셀레이션을 발견했는지 자유롭게 적어 봅시다.

2 다음 테셀레이션을 보고 특징을 찾아 적어봅시다.

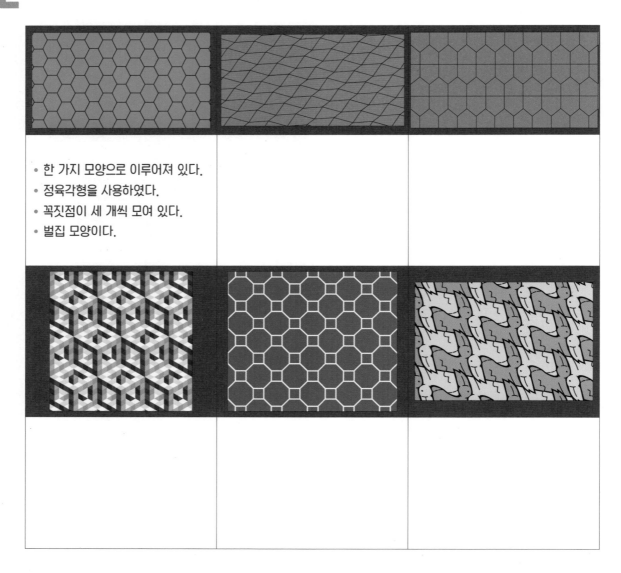

- 한 가지 모양으로 이루어져 있다.
- 정육각형을 사용하였다.
- 꼭짓점이 세 개씩 모여 있다.
- 벌집 모양이다.

3 아래 그림은 정삼각형만으로 타일링을 한 그림입니다. 한 종류의 정다각형으로 타일링이 가능한 경우를 알아봅시다.

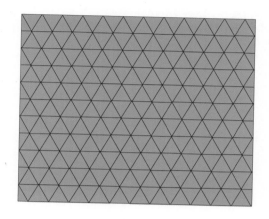

① 다각형 안에 있는 각을 '내각'이라고 합니다. 위에서 정삼각형, 정사각형, 정오각형의 내각의 합을 각각 구해 보았습니다. 아래 표를 채워 보며 정다각형 내각의 합과 한 내각의 크기를 구하는 규칙을 찾아봅시다.

> | 보기 |
>
> 삼각형의 내각의 합은 180°입니다. 정다각형을 보기와 같이 꼭짓점끼리 연결하는 선분으로 잘라 봅시다. 내부에 생기는 삼각형의 수를 세어 정다각형의 내각의 합을 구해 봅시다.

정다각형	삼각형의 수	내각의 합	한 내각의 크기	정다각형	삼각형의 수	내각의 합	한 내각의 크기
△	1	180°	60°	⬡	5		
□				⯃			135°
⬠		540°		⬟			
⬡				⯃			

② 표에서 규칙을 찾아 정리해 봅시다.

정n각형의 내각의 합	정n각형의 한 내각의 크기

4 아래 그림을 참고해 테셀레이션이 가능한 정다각형을 모두 찾아보세요. 그리고 정오각형은 왜 테셀레이션이 불가능한지 이유를 생각해 봅시다.

 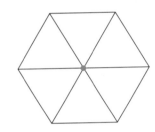 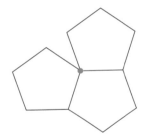

❶ 테셀레이션이 가능한 정다각형은 무엇 무엇인가요?

❷ 정오각형은 왜 테셀레이션이 불가능한가요?

5 '준정다각형 테셀레이션'이란 두 종류 이상의 정다각형을 사용하여 어떤 꼭짓점에서도 한 가지 배열을 갖는 테셀레이션입니다. 아래의 조건을 잘 읽어 보고, 표를 채워 보며 준정다각형 타일링이 가능한 경우를 알아봅시다.

한 점 주위를 채우는 정다각형의 조합과 배열 방법

① 한 점에 6개의 다각형을 초과할 수 없다. 정삼각형 6개의 각은 360°이기 때문이다.

② 한 점에 3개 미만의 다각형이 될 수 없다. 어떤 정다각형의 한 내각도 180°보다 작기 때문이다.

③ 한 점에 3종류의 다각형을 초과할 수 없다. 각의 크기가 최소가 되는 세 종류의 다각형은 정삼각형, 정사각형, 정오각형인데, 이들 세 각의 총합은 60°+90°+108°=258°이다. 네 종류의 정다각형일 경우, 최소한의 가능한 총합은 60°+90°+108°+120°=378°가 되어 360°가 넘는다.

④ 만약 4개의 다각형이라면, 두 개는 반드시 같은 종류이다.

⑤ 5개의 다각형이라면 다음 두 가지 경우가 가능하다.
  – 각각 2개씩 두 종류와 하나는 다른 종류
  – 3개가 한 종류이고 두 개는 각각 다른 종류

평면을 빈틈없이 채울 수 있도록 정다각형을 이용해 다양한 배열을 만들고자 합니다. 정삼각형, 정사각형, 정육각형, 정팔각형과 정십이각형으로 한 점에 360°를 모을 수 있는 가능한 모든 경우의 수를 표를 채워 찾아봅시다.

한 꼭짓점에 모인 정다각형의 종류	정삼각형	정사각형	정육각형	정팔각형	정십이각형	한 꼭짓점에 모인 각의 크기의 합
	60°	90°	120°	135°	150°	
2	1					360°
	2					360°
	3					360°
	4					360°
		1				360°
3	1					360°
	2					360°
		1				360°

6 아래 그림은 정육각형, 정사각형, 정삼각형을 이어붙인 테셀레이션입니다. S부분에 붙이게 될 정다각형은 정삼각형, 정사각형, 정육각형, 중 어느 것인가요? 그 이유도 설명해 보세요.

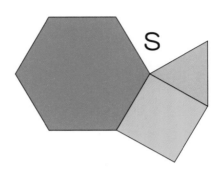

7 넓이의 단위는 왜 정사각형일까요? 다음 글을 읽고 테셀레이션과 관련지어 생각해 봅시다.

옛날부터 넓이를 잴 때는 동서양을 막론하고 몇 평, 몇 제곱미터처럼 그 기본 단위가 되는 도형은 모두 정사각형이었습니다. 왜 그랬을까요? 삼각형은 선분으로 이루어진 도형 중에서 가장 단순하고, 원으로 말하자면 단순하면서도 아름답습니다. 그리고 정육각형의 그릇은 정사각형에 비해 전체적인 짜임새가 튼튼할 뿐만 아니라 더 많은 양을 담을 수가 있습니다. 그러나 넓이의 단위로 쓰기에 이것들은 모두 불합격품이었던 것입니다. 넓이의 단위로 쓰이기 위해서는 어떤 자격을 갖추어야 할까요? 다음 그림을 보면서 생각해 봅시다.

8 준정다각형 테셀레이션을 직접 디자인해 봅시다. (부록: 정다각형)

◆ 수학적 원리를 이용한 미술 작품입니다. 나만의 작품을 만들고, 이름도 붙여 봅시다.

수학계의 노벨상, '필즈상'

출처: Flickr

2022년 7월 5일은 한국 수학계에 아주 의미가 깊은 날이에요. 미국 프린스턴대 교수 겸 한국 고등과학원(KIAS) 수학부 석학 교수인 허준이 교수의 필즈상 수상 소식이 들려온 날이기 때문입니다. 허준이 교수는 정확히는 한국계 미국인이에요. 미국 캘리포니아에서 태어난 허준이 교수는 부모님과 함께 두 살 때 한국으로 돌아온 뒤 석사까지 한국에서 공부한 '국내파'이기 때문에 우리나라에서도 허준이 박사의 수상이 큰 뉴스였답니다.

그렇다면 '필즈상'이 무엇이기에 이 뉴스가 이렇게 큰 이슈가 되었을까요? 수학계의 노벨상이라 불리는 필즈상은 국제수학연맹(IMU)이 4년마다 개최하는 세계수학자대회에서 수상하는 상으로, 현재와 미래의 수학 발전에 크게 공헌할 수학자에게 상이 수여되기를 바랐던 필즈의 유언에 따라 만 40세 미만만이 수상할 수 있는 상이랍니다. 허준이 교수는 1983년생으로 2022년이 필즈상을 받을 수 있는 마지막 해였다고 해요. 허준이 박사 이전에는 한국인이나 한국계 사람들 중 필즈상을 받은 적이 없었답니다.

필즈상의 유래는 1924년 캐나다 토론토에서 열린 제7차 세계수학자대회에서 찾아볼 수 있어요. 당시 이 대회의 조직 위원장이었던 토론토 대학 교수 존 필즈(John Charles Fields, 1863~1932)는 노벨상과 같이 국제적으로 명성이 높은 수학자들을 위한 상이 필요하겠다고 생각했고, 이를 추진하기 위해 자신의 전 재산을 기부했습니다. 노벨상에는 수학 부문이 없었기 때문에 더더욱 필요성을 느꼈답니다.

하지만 1932년 존 필즈가 취리히 국제수학자대회를 앞두고 갑작스럽게 세상을 떠났고, 취리히 회의에서 필즈의 생전 제안을 채택하면서 필즈의 이름을 딴 '필즈상'이 만들어진 것입니다. 이후 1936년 노르웨이 세계수학자대회에서 첫 필즈상이 배출되었고, 4년마다 시상식이 개최되는 1월 1일에 만 40세 미만이 되는 젊은 수학자들만 수상을 하게 되면서 학계에서는 필즈상이 노벨상보다 받기 어렵다는 이야기도 있어요.

허준이 교수는 50년 가까이 풀리지 않았던 수학 난제 '리드 추측'을 대학원 시절 증명했고, 2015년에는 또 다른 난제인 '로타 추측'도 풀어냈어요. 필즈상을 받기 전 '젊은 과학자상', '뉴호라이즌상'등 세계적 권위의 과학상들도 휩쓸었답니다. 그리고 조합론과 대수기하학 등 서로 다른 수학 영역을 넘나들며 무려 11개의 수학 난제를 해결했어요.

필즈상을 가장 많이 수상한 국가는 미국으로 총 14명, 이어서 프랑스가 11명, 러시아(소련 포함) 8명, 영국 8명, 일본 3명, 독일·벨기에·이란·이탈리아 각 2명 순입니다. 허준이 교수의 경우 한국계이지만 국적이 미국이기 때문에 수상 실적은 미국으로 기록되었어요.

필즈상 메달의 앞면에는 아르키메데스의 얼굴과 함께 라틴어로 '자신 위로 올라서 세상을 꽉 붙잡아라'는 문구가, 뒷면 또한 라틴어로 '전 세계에서 모인 수학자들이 탁월한 업적에 이 상을 수여한다'라는 문구와 함께 아르키메데스가 가장 자랑스러워한 정리(구면과 외접하는 원기둥의 겉넓이의 비가 2:3이고, 그 내부의 부피도 2:3이다)가 새겨져 있답니다.

더 알아보기

• 허준이 교수 필즈상 인터뷰
영상을 통해 당시 인터뷰를 들어 봅시다.
→ 주소 https://youtu.be/pSJrML-TTmI

스캔해 보세요!

3 규칙과 추론

읽어 보기

야구 경기를 볼 때, 공을 던지는 투수와 공을 받는 포수가 서로 손짓이나 몸짓을 주고받는 것을 본 적 있나요? 투수와 포수는 공을 던지기 전 종종 주먹을 쥔다거나, 손가락 두 개를 펼치거나, 코를 만지거나 하는 등 상대 팀 선수들은 알지 못하는 몇 가지 신호를 사용하여 작전을 전달한답니다. 이처럼 원하는 사람끼리만 알 수 있도록 약속을 정해서 만든 신호나 부호를 **암호**라고 해요. 암호의 핵심은 전달하려는 메시지를 알면 안 되는 사람들에게는 메시지를 감추는 데 있습니다. 일종의 비밀 통신인 것이지요.

과거에는 특히 전쟁 중에 상황이나 작전을 전달하기 위해 주로 사용되었던 암호는 정보화 사회가 오면서부터는 인터넷 뱅킹, 이메일, 온라인 쇼핑 등 하루에도 몇 번씩 이용됩니다. 개인의 정보를 보호하기 위해 생활 곳곳에서 사용되고 있는 것이에요.

역사상 가장 먼저 나타난 암호는 문자의 위치를 바꾸어 암호화하는 '전치암호'랍니다. 대표적으로는 고대 그리스의 스파르타가 전쟁 시에 사용했던 '스키테일Scytale 암호'가 있어요. 그리고 미국의 비밀조직 프리메이슨에서 사용했다고 하여 프리메이슨 암호라고도 불리는 '돼지우리 pigpen 암호'도 있습니다. 이름만큼 모양도 귀여운 돼지우리 암호의 원리를 알아볼까요?

생각해 보기

1 영어 알파벳은 총 26개로 이루어져 있습니다. 알파벳 순서를 참고하여 한 칸에 한 글자씩 따라 쓰고 상황에 따라 점을 찍어 봅시다.

A B C D E F G H I J K L M N O P Q R S T U V W X Y Z

1단계

A부터 I까지
윗줄→ 아랫줄, 왼쪽→오른쪽으로 적기

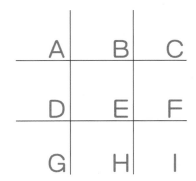

J부터 R까지
윗줄→ 아랫줄, 왼쪽→오른쪽으로 적기
칸마다 점 1개 찍기

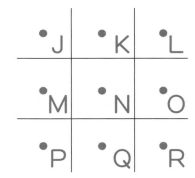

2단계

S부터 V까지
위→ 아래, 왼쪽→오른쪽으로 적기

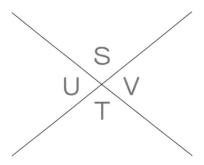

W부터 Z까지
위→ 아래, 왼쪽→오른쪽으로 적기
칸마다 점 1개 찍기

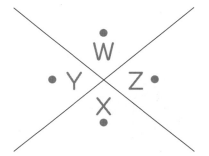

알파벳	암호	알파벳	암호
A		N	
B		O	
C		P	
D		Q	
E		R	⌐•
F		S	
G		T	
H	⊐	U	
I		V	
J	•⌐	W	
K		X	
L		Y	
M		Z	◁•

왜 이름이 돼지우리 암호가 되었을까요? 암호를 이루는 선분과 점이 어떤 것과 대응되는지 보이나요?

● 암호의 선분 : 돼지우리의 가로, 세로, 대각선
● 암호의 점 : 돼지우리 안의 돼지

❷ 돼지우리 암호를 이용하여 다음 단어들을 암호로 만들어 봅시다.

CUP	
TIGER	
COME HERE	
I LOVE YOU	

❸ 다음 암호표를 이용하여 암호문을 해석하세요.

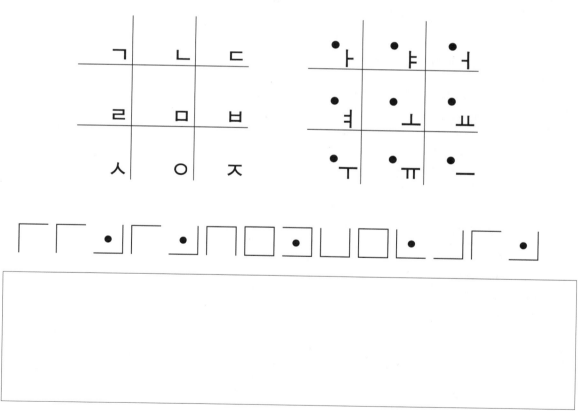

자연에서 발견하는 신비한 수 배열

꽃들이 활짝 피는 봄에는 개나리, 벚꽃, 목련 등 보기만 해도 기분이 좋아지는 형형색색의 꽃들을 볼 수 있지요. 그저 예쁘기만 한 것 같은 꽃들에도 수학적 특징이 숨어 있답니다. 혹시 꽃잎 수를 세어 본 적이 있나요? 여러분이 보았던 꽃들의 꽃잎 수는 대부분 1, 2, 3, 5, 8, 13장 정도였을 것입니다. 혹시 아주 꽃잎이 많은 꽃의 꽃잎 수를 세어보았다면 21장 또는 34장이었을 수도 있어요.

1, 2, 3, 5, 8, 13, 21, 34, 55 …

꽃잎의 숫자를 나타낸 숫자 배열입니다. 혹시 이 숫자 배열의 규칙을 발견했나요? 1+2=3, 2+3=5, 3+5=8 …. **앞의 두 수의 합이 바로 뒤의 수가 되는 규칙으로 배열**되어 있습니다. 어떤 **규칙에 따라 수를 나열해 놓은 것을** 수학에서는 '**수열**'이라고 해요. 이 수열은 이 수열을 발견한 사람의 이름을 따서 **피보나치 수열**이라고 불립니다. 왜 꽃들이 피보나치 수만큼의 꽃잎을 가진 걸까요? 꽃이 활짝 피기 전까지 꽃잎은 봉오리를 이루어 암술과 수술을 보호하는 역할을 합니다. 이때 꽃잎들이 이리저리 겹치며 가장 효율적인 모양으로 암술과 수술을 감싸려면 피보나치 수 만큼의 꽃잎이 있어야 한다는 것을 수학자들이 알아냈어요.

피사의 사탑으로도 유명한 이탈리아의 피사에서 태어난 레오나르도 피보나치는 아라비아 숫자를 유럽에 소개한 것으로도 유명한 수학자입니다. 그는 1202년 『산반서』라는 수학책에 아래와 같이 토끼의 쌍을 구하는 문제를 냈고, 피보나치 수열은 이 문제를 푸는 과정에서 발견되었어요.

> 한 쌍의 토끼가 생후 2개월이 지나면서부터 매달 한 쌍의 토끼를 낳기 시작한다고 하자. 태어난 모든 한 쌍의 토끼는 생후 2개월이 지나면 한 쌍의 토끼를 낳고, 그 뒤에도 매달 한 쌍의 토끼를 낳는다. 토끼는 죽지 않는 것으로 한다. 이때 갓 태어난 한 쌍의 토끼는 1년이 지난 후 모두 몇 쌍이 되어 있을까?

🎵 생각해 보기

1 위 문제를 색연필이나 사인펜을 이용하여 풀어 봅시다.

❶ ●은 아직 새끼를 낳을 때가 되지 않은 토끼 한 쌍의 표시, ●는 새끼를 낳을 수 있는 토끼 한 쌍의 표시입니다. 세로줄은 시간의 변화를 나타내고, ●로부터 나온 가로줄은 이 토끼 한 쌍이 새로운 토끼 한 쌍을 낳았다는 뜻입니다. 5개월부터 8개월의 토끼 쌍을 나타내어 봅시다.

1개월째							●			
2개월째							●			
3개월째					●		●			
4개월째					●		●			●
5개월째										
6개월째										
7개월째										
8개월째										

❷ 1개월째~8개월째까지의 토끼 쌍의 수를 순서대로 적어 보세요.

❸ 수열의 규칙을 발견하여 적어 보세요.

❹ 12개월째에는 모두 몇 쌍의 토끼가 있을까요?

> **〈피보나치 수열〉**
> 1, 1부터 시작하여 차례대로 나온 두 수의 합이 바로 그 다음 수가 되는 규칙을 가진 수열

2 꿀벌 한 마리가 아래 그림과 같이 벌집 안으로 들어가려고 합니다. 꿀벌은 1번방이나 2번방에서 출발할 수 있고 큰 번호의 방 쪽으로만 움직일 수 있습니다. 각 번호의 방으로 들어갈 수 있는 방법의 가짓수를 세어 보세요.

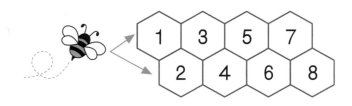

방 번호	가는 방법	가는 방법의 수
1	1	1
2	2, 1 → 2	2
3		3
4		5
5		8
6		13
7		21

❶ 어떤 규칙의 수열을 발견할 수 있나요?

❷ 8번 방에 가는 방법의 가짓수를 구해 보세요.

80

3 위와 같은 규칙으로 수를 나열했을 때 빈칸에 알맞은 수를 써 넣으세요.

$$3, \square, \square, \square, 18, \square, \cdots\cdots$$

4 규칙에 따라 수를 나열했습니다. 빈칸에 알맞은 수를 구하고, 어떤 규칙인지 적어 보세요.

❶ 1, 2, 5, 10, 17, $\square$, $\square$, ⋯

❷ 1, 1, 2, 1, 2, 3, 1, 2, 3, 4, 1, 2, 3, $\square$, $\square$, $\square$, ⋯

❸ 1, 1, 2, 3, 4, 5, 8, 7, 16, 9, 32, $\square$, $\square$, ⋯

5 다음과 같은 규칙으로 수가 나열되어 있습니다. 위에서부터 10번째 줄의 가장 오른쪽에 적혀 있는 수를 구하고, 규칙을 적어 보세요.

			1			
		2	3	4		
	5	6	7	8	9	
10	11	12	13	14	15	16

3 NIM 게임

👀 **읽어 보기**

게임에서 반드시 이기는 필승 전략

사진 속 장난감 '팝잇'을 알고 있나요? 팝잇으로 할 수 있는 여러 가지 놀이 중 '베스킨 라빈스' 게임이 있답니다. 상대방과 순서를 정한 후 1개, 2개 또는 3개의 버블을 번갈아 가며 누르다 마지막 버블을 누르게 되는 사람이 지는 게임입니다. 사실 이 게임은 수학적 전략을 쓸 수 있는 전략 게임이에요. 그래서 이러한 방식의 게임을 했을 때 무조건 이길 수 있는 필승 전략이 있답니다. 베스킨 라빈스 게임처럼, **두 사람이 수를 번갈아 부르다 정해놓은 마지막 숫자를 부르는 사람이 이기거나 지는 게임을 님 게임이라고 해요.**

님 게임의 유래에는 두 가지 이야기가 전해집니다. 첫 번째는 '님NIM'이라는 단어가 게임의 규칙을 나타내는 '가져가다'라는 뜻의 옛 영어 'nim' 또는 독일어 'nimm'에서 유래되었다는 것이에요. 두 번째로는 '이기다'라는 뜻의 영어 단어 'win'을 거꾸로 돌려서 만들었다고도 전해져요.

가장 기본적인 님 게임의 규칙을 알아볼까요? 20개의 바둑돌을 두 사람이 번갈아 가며 1개 또는 2개씩 가져갑니다. 차례대로 바둑돌을 가져가다가 마지막 바둑돌을 가져가는 사람이 이기는 규칙이랍니다. 이 게임은 바둑돌의 총 개수, 한 번에 가져가는 바둑돌의 개수, 마지막 바둑돌을 줍는 사람이 승자 또는 패자 등의 조건을 변형하며 매우 다양한 방법으로 할 수 있어요.

😮 생각해 보기

1 13개의 바둑돌을 1개, 2개 또는 3개씩 차례로 가져가다 마지막 바둑돌을 가져가는 사람이 지는 님 게임의 전략을 생각해 봅시다.

①②③④⑤⑥⑦⑧⑨⑩⑪⑫⑬

❶ 상대방이 무조건 마지막 ⑬번 바둑돌을 가져가려면 나는 마지막에 반드시 몇 번 바둑돌을 가져와야 하나요?

❷ 내가 무조건 위에서 답한 번호의 바둑돌을 가져올 수 있으려면 상대방이 가져와야 하는 바둑돌은 무엇인가요?

❸ 나는 몇의 배수에 위치한 바둑돌을 가져오면 무조건 이길 수 있나요?

2 20개의 바둑돌을 1개 또는 2개씩 차례로 가져가다 마지막 바둑돌을 가져가는 사람이 이기는 님 게임의 전략을 생각해 봅시다.

①②③④⑤⑥⑦⑧⑨⑩⑪⑫⑬⑭⑮⑯⑰⑱⑲⑳

❶ 내가 마지막 ⑳번 바둑돌을 집어 승리하려면 바로 전에 가져가야 할 바둑돌은 몇 번인가요?

❷ 위에서 대답한 번호 직전에 가져가야 하는 바둑돌은 몇 번인가요?

❸ 게임에서 승리하기 위해 내가 가져가야 할 바둑돌의 번호들을 차례대로 써 보세요.

3 아래 조건에 따라 게임을 이기기 위해 반드시 가져가야 하는 바둑돌의 번호를 모두 쓰세요.

① ② ③ ④ ⑤ ⑥ ⑦ ⑧ ⑨ ⑩ ⑪ ⑫ ⑬ ⑭ ⑮ ⑯ ⑰

❶

| 규칙 |

• 번갈아 바둑돌을 1개씩 가져가기
• 마지막 구슬을 가져가는 사람이 승자

❷

| 규칙 |

• 번갈아 바둑돌을 1개 또는 2개씩 가져가기
• 마지막 구슬을 가져가는 사람이 승자

4 친구와 아래 사진과 같은 팝잇으로 1, 2 또는 3개씩 버블을 번갈아 누르다가 마지막 버블을 누르는 사람이 지는 게임을 하려고 합니다. 내가 반드시 눌러야 하는 버블에 표시해 보세요. 왼쪽 위부터 시작합니다.

출발 →

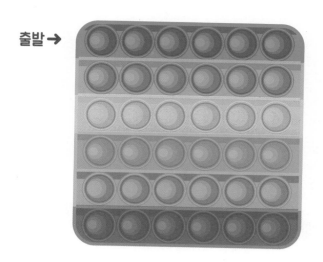

5 위와 같은 규칙으로 게임을 하는데 나는 왼쪽 위부터, 친구는 오른쪽 아래부터 버블을 누르기 시작합니다. 어떤 전략을 짜야 내가 반드시 승리할 수 있나요?

나 →

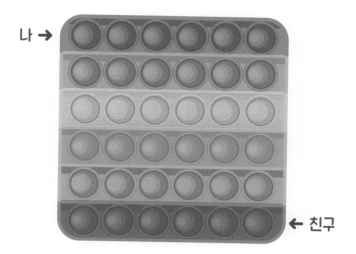

← 친구

4 4색 지도

'서로 인접한 두 나라를 다른 색으로 칠할 때, 모든 지도는 □가지 색으로 칠하여 구분할 수 있다.'

1852년 영국 런던대학 드모르간 교수의 제자였던 구드리는 영국 지도를 색칠하다가 지도상에서 서로 인접한 영역을 서로 다른 책으로 칠하기 위해서 최소한 몇 가지 색이 필요할지 의문을 갖게 되었습니다. 구드리는 영국 지도의 경우 네 가지 색으로 가능하다는 것을 알았지만, 지도의 모양이 아주 복잡해지면 어떻게 될지에 대해서는 확신이 없었어요. 그래서 스승님이었던 드모르간 교수에게 이 문제에 대해 문의했답니다.

질문을 받은 드모르간 교수 역시 증명 방법을 찾지 못하였고, 고민 끝에 수학자 해밀턴에게 편지를 써 도움을 요청하였어요. 이렇게 시작된 '**4색 문제**'는 점차 세상에 알려지면서 많은 이야기를 만들었습니다.

1976년 미국 일리노이 대학의 하펠과 하켄은 새로운 방식으로 4색 문제의 해결 방법에 접근했습니다. 우선 지도의 모양에 따라 수많은 경우들을 1936가지로 정리했어요. 하지만 사람이 일일이 각 경우를 칠해 본다면 너무나 오랜 세월이 걸리기 때문에 컴퓨터를 이용하여 분석했답니다. 무려 1200시간 동안 쉬지 않고 컴퓨터를 돌린 결과, **인접한 영역을 다른 색으로 칠하기 위해서는 네 가지 색이면 충분하다**는 결론을 얻었어요.

무려 120년 동안 논란이 되어온 4색 문제는 이렇게 결론이 나며 컴퓨터만이 해결할 수 있는 최초의 수학 문제가 되었습니다.

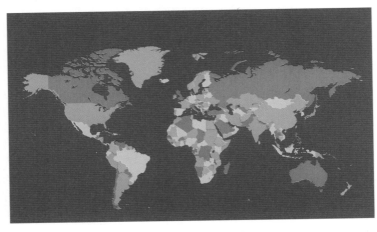

4색으로 칠해진 세계 지도

생각해 보기

1 아래와 같이 9개의 사각형으로 이루어진 모양을 색칠하려고 합니다. 인접한 두 부분은 반드시 다른 색으로 칠해야 합니다. 최소한 모두 몇 가지 색깔이 필요한가요?

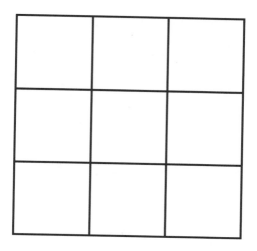

2 원 모양에서 알아봅시다. 인접한 두 부분은 반드시 다른 색으로 칠해야 합니다. 최소한 모두 몇 가지 색깔이 필요한가요?

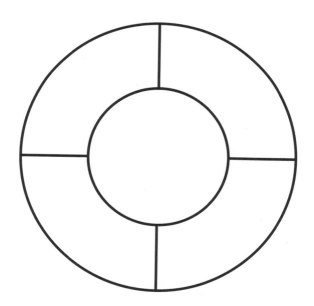

3 위의 원이 다음과 같이 변경 되었습니다. 인접한 두 부분은 반드시 다른 색으로 칠해야 합니다. 최소한 모두 몇 가지 색깔이 필요한가요?

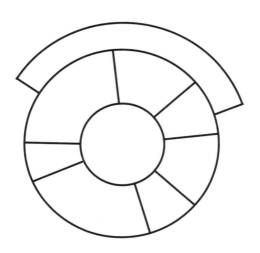

4 유럽 일부 국가들의 지도입니다. 유럽은 지도에서 보다시피 많은 국가들이 국경이 맞닿아 있어요. 인접한 두 부분은 반드시 다른 색으로 칠해야 합니다. 최소한 모두 몇 가지 색깔이 필요한가요?

5 위의 유럽 지도가 고무로 만들어져서 쭉쭉 늘어날 수 있다고 상상해 봅시다. 이 지도를 늘리고 줄여서 모양을 맞추면 3번 문제의 모양에 맞추어질 수 있습니다. 왼쪽 지도의 국가들을 4가지 색만 이용하여 인접한 두 부분은 다른 색으로 칠해 보세요. 그리고 오른쪽 모양에 국가 이름을 옮겨 적고 지도에 이용한 색으로 색칠해 보세요.

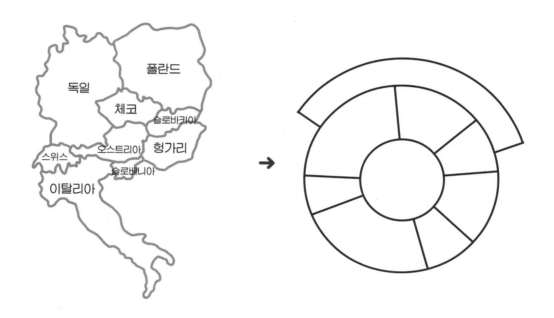

6 서울시 지도를 4가지 색만 이용하여 인접한 두 부분은 다른 색으로 칠해 보세요.

5 주민등록번호

😊 **읽어 보기**

주민등록번호에 숨겨진 비밀

여러분은 아직 주민등록증은 없지만 모두 주민등록번호는 가지고 있습니다. 주민등록번호에는 어떤 규칙이 숨어 있을까요?

주민등록번호는 생년월일 여섯 자리, 개인 정보 일곱 자리로 구성되어서 총 열세 자리로 이루어져 있습니다. 누군가의 생일이 2012년 11월 30일이라면 앞자리는 121130이 되겠지요. 뒷자리 번호 중 첫 번째 숫자는 성별 코드입니다. 1이나 3은 남자라는 뜻이고, 여자의 경우 2나 4를 씁니다.

두 번째부터 다섯 번째까지의 네 개 숫자는 출생 신고를 한 지역을 나타내는 코드입니다. 여섯 번째 숫자는 그 출생 신고가 해당 동사무소에 당일 몇 번째로 접수된 것인가를 나타낸 것이에요. 마지막에 위치한 일곱 번째 숫자는 '체크숫자'이지요. **이 체크숫자가 바로 주민등록번호의 열쇠가 되는 숫자랍니다.**

121130	1	2345	6	7
생년월일	성별	지역코드	출생 신고 순서	체크숫자

다음은 뒷자리의 마지막 자리를 알 수 없는 서진이의 주민등록번호입니다.

121130 - 391068□

국가에서는 주민등록증을 위조하거나 거짓으로 적는 것을 막기 위하여 국가에서만 아는 번호를 지정합니다. 그렇다면 마지막 숫자는 어떻게 결정할까요? 먼저 마지막 숫자를 제외한 121130391068까지 적고 그 밑에 2, 3, 4, 5, 6, 7, 8, 9 그리고 다시 2, 3, 4, 5를 놓습니다.

1	2	1	1	3	0	3	9	1	0	6	8
2	3	4	5	6	7	8	9	2	3	4	5

그리고 위에 있는 수와 아래 있는 수를 각각 곱한 것을 아래와 같이 모두 더합니다.

$$1\times2+2\times3+1\times4+1\times5+3\times6+0\times7+3\times8+9\times9+1\times2+0\times3+6\times4+8\times5$$

얼마가 나왔나요? 네, 206입니다.

그렇다면 이제 '206+체크숫자=11의 배수'가 되도록 체크숫자를 만들어야 합니다. 이 경우 체크숫자는 0부터 10까지의 수가 되는데, 한 자릿수여야 하기 때문에 코드가 10이 되는 경우에는 0으로 정합니다. 11의 배수가 되도록 한 것은 11이 10보다 큰 소수(1와 자기 자신으로만 나누어떨어지는 수) 가운데 제일 작은 자연수이기 때문입니다.

자, 206보다 큰 수에서 11의 배수는 무엇인지 구해서 서진이의 주민등록번호 체크숫자를 맞혀 보세요!

1 글에 등장하는 서진이의 주민등록번호 체크숫자는 무엇인가요?

2 다음 주민등록번호에서 위조된 번호를 찾아보세요.

① 650702 - 3020310

② 530311 - 4100341

③ 731224 - 3103155

④ 840520 - 4627021

3 아래 번호들은 수현, 지윤이의 주민등록번호의 뒷부분입니다. 마지막 숫자를 찾아보세요.

140814 - 339661☐

120407 - 440372☐

4 다음 글을 읽고 문제를 풀어 보세요.

2002년 우리나라에서 월드컵이 열렸습니다. 그리고 축구공 하나로 우리나라와 아주 깊은 인연을 맺게 되는 외국인이 한 분 등장합니다.

당시 우리나라는 네덜란드 출신인 거스 히딩크 감독의 지휘 하에 한국 축구 역사상 처음으로 무려 4강 진출이라는 쾌거를 이루었어요. 히딩크 감독은 국민들의 뜨거운 성원에 시민증까지 받으며 대한민국 제 1호 명예국민으로 위촉되기도 하였답니다.

시민들은 축하의 의미로 가상 주민등록증도 만들어 주었는데, 여기에 적힌 주민등록번호는 461108-1020622였습니다. 그런데! 이 번호에 오류가 있다는 슬픈 사실이 있었네요. 어떻게 하면 오류가 없는 주민등록번호를 다시 만들어 드릴 수 있을까요?

출처: 위키피디아

❶ 히딩크 감독의 생년월일을 적어 보세요. (   )년 (   )월 (   )일

❷ 히딩크 감독의 주민등록번호에 오류가 있나요? 오류가 있다면, 체크숫자를 변경하여 오류가 없는 주민등록번호로 바꾸어 주세요.

더 알아보기

• 히딩크 감독의 주민등록번호

영상을 통해 히딩크 감독의 주민등록번호에 관한 내용을 알아봅시다.

→ 주소 https://www.ebsmath.co.kr/url/go/108035

스캔해 보세요!

6 한붓그리기

읽어 보기

쾨니히스베르크 마을은 철학자 칸트가 살던 마을로도 유명합니다. 쾨니히스베르크 마을은 마을을 가로지르는 프레겔 강에 의해 4구역으로 나뉘고, 이 지역을 잇는 7개의 다리가 있습니다. 언젠가부터 마을 사람들은 '이 다리를 한 번만 건너서 처음 자리로 돌아올 수 있을까?'라는 질문에 관심을 가지기 시작했어요. 직접 걸어서 답사해본 사람들은 어떤 경로를 선택하더라도 7개의 다리를 한 번만 건너서 다시 제자리로 돌아오는 방법은 없다는 것을 경험적으로 알게 되었습니다. 하지만 이것은 경험적인 방법이었을 뿐 수학적으로 증명된 것은 아니었어요.

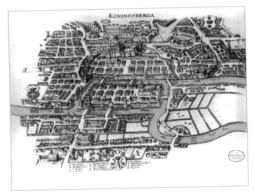
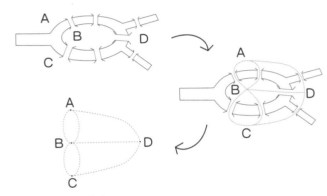

쾨니히스베르크의 다리

이 문제를 수학적으로 증명해 낸 사람이 레온하르트 오일러Leonhard Euler입니다. 오일러는 직접 걷지 않고 점과 선을 이용해 이 문제를 매우 단순화시켰어요. 그 방법은 쾨니히스베르크 마을의 4지역을 점으로, 7개의 다리를 선으로 표시하여 점과 점을 잇는 '한붓그리기' 문제로 만든 것이었습니다. 이것이 바로 현대 위상 수학의 탄생이랍니다. 위상 수학이란 위치와 형상에 관해 연구하는 수학 분야입니다.

오일러는 '같은 다리를 두 번 건너지 않고 모든 다리를 건너는 것은 불가능하다'라는 것을 수학적으로 증명해냈습니다. 한 점에 연결된 변의 개수가 홀수인 경우는 '홀수점'이라고 하는데, **한붓그리기가 가능하기 위해서는 홀수점이 없거나 두 개여야 합니다.** 그런데 쾨니히스베르크의 다리 문제에서 네 개의 점 A, B, C, D는 모두 홀수점이기 때문에 한붓그리기가 가능하지 않으며, 따라서 같은 다리를 두 번 건너지 않으면서 모든 다리를 건너는 것은 불가능한 것이랍니다.

여기서 비롯된 수많은 수학적 증명들은 후에 '그래프 이론'의 기초가 되었으며 수학적 증명을 떠나 인간 관계망, 회사의 조직도, 전기회로 배선, 전기 통신망 등 수학, 과학, 사회학에 걸쳐 수많은 분야에 응용되고 있답니다.

생각해 보기

한붓그리기의 원리 정리하기

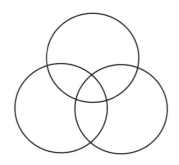
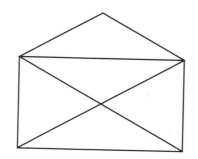

한 점에 연결된 선의 개수가 홀수이면 홀수점, 짝수이면 짝수점

→ 한붓그리기가 가능하기 위해서는 홀수점이 없거나 2개여야 함

→ 홀수점이 0개이면 출발점과 도착점이 같고, 2개이면 홀수점 1에서 출발하여 홀수점 2에서 도착하므로 출발점과 도착점이 다름

1 다음 도형의 홀수점과 짝수점 개수를 세어보고, 한붓그리기가 가능한 것을 찾아보세요.

①	②	③	④	⑤

⑥	⑦	⑧	⑨	⑩

	①	②	③	④	⑤	⑥	⑦	⑧	⑨	⑩
짝수점 개수										
홀수점 개수										
한붓그리기 (○, x)										

2 다음 중 한붓그리기가 가능한 것을 모두 골라보세요.

①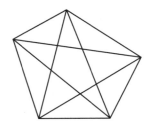

②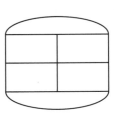

③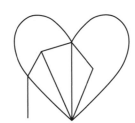

④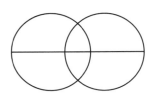

3 한붓그리기로 아래 도형 그리기가 가능할까요? 가능하다면 옆에 그려보세요.

4 다음 도형에서 선 하나를 추가하거나 없애서 한붓그리기가 가능한 도형으로 바꾸어 봅시다.

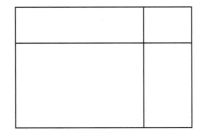

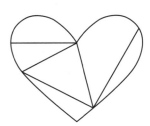

5 쾨니히스베르크 마을 시민들이 다리를 한 번씩만 건너서 다시 출발점으로 돌아오지 못한 이유를 설명하고, 시민들을 위해 강 위에 하나의 다리를 더 놓아, 모든 다리를 한 번씩만 건너서 다시 돌아오는 산책길을 만들어 봅시다.

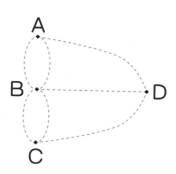

6 트럭이 도로를 지나가는 방법을 아래와 같이 적어 각각의 통행료를 계산해 봅시다. 비용이 가장 적게 드는 방법은 어떤 것인가요?

화물을 운반하는 트럭이 오른쪽의 지도에 표시된 A, B, C, D 도시를 모두 방문해야 합니다. 각 도로를 지나가려면 지도에 표시된 통행료를 내야 합니다. A도시를 출발하여 모든 도시에 물건을 배달한 후 다시 A도시로 돌아오기 위해서는 어떤 순서로 각 도시들을 방문해야 통행료를 가장 적게 지불할 수 있을까요?

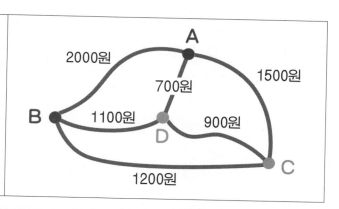

방법	통행료
A-B-C-D-A	2000원 + 1200원 + 900원 + 700원 = 4800원

여섯 다리만 건너면
모두 친구가 될 수 있을까?

오일러

'그래프 이론'은 한 개인과 집단의 사회적 관계망을 설명하는데 적용될 수 있는 수학적 기초 이론으로, 점과 점의 연결 관계를 선으로 표현하여 문제를 쉽게 표현할 수 있습니다. 이 그래프 이론이 처음 등장한 것이 바로 스위스의 수학자 오일러의 논문이에요. 오일러는 쾨니히스베르크 마을에서 제시된 문제의 해답을 찾기 위해 논문을 작성하던 중 그래프 이론을 처음으로 제시하게 되었답니다.

서양 속담에 '여섯 다리만 건너면 모두 친구'라는 말이 있어요. 어떤 사람도 자신을 기준으로 여섯 사람만 거치면 전부 연결된다는 의미이지요. 나와 상관없어 보이는 사람일지라도 결국 건너건너 이어질 수 있다는 이야기입니다. 우리 속담에는 '원수는 외나무다리에서 만난다'라는 말이 있지요? 모든 관계는 어디서 어떻게 다시 연결될지 모르니 되도록 좋은 관계를 맺으라는 말입니다. 여섯 다리만 건너면 모두 친구라는 서양 속담과도 일맥상통하는 부분이네요. 우리는 정말로 6단계만 거치면 모든 사람과 연결될 수 있는 것일까요? 속담은 인간관계를 말하고 있지만, 여기에는 그래프 이론의 수학적 원리가 들어있답니다.

1967년 미국 하버드대 스탠리 밀그램 교수는 인간관계에 대한 '6단계 분리이론'을 주장했습니다. 이 이론은 모든 사회 구성원이 6단계만 거치면 연결될 수 있다는 이론이었어요. 이것을 증명하기 위해 밀그램 교수는 매우 흥미로운 실험을 했습니다. 160명의 사람들을 무작위로 선정하여 주거지에서 아주 먼 도시에 사는 어떤 사람에게 편지를 전달해 달라는 부탁을 했습니다. 단, 전달은 원래 알고 있던 지인을 통해서만 가능합니다. 160명의 사람들에게 편지를 받는 사람이 누구인지는 알려주지 않았어요. 오로지 자신의 인맥을 사용하여 특정 도시의 특정 인물에게 어떻게든 편지를 전달해야 했어요.

이 실험은 매우 놀라운 결과를 보여주었답니다. 편지를 받는 수신자가 누구인지도 모르는 상황에서 160명의 실험자는 수신자가 사는 도시에 최대한 연결될 수 있는 인맥들을 동원하기 시작했어요. 그렇게 건너고 건너 전달된 편지 대부분이 수신자에게 제대로 전달되었으며 전달 과정은 생각보다 매우 신속하게 이루어졌답니다. 어떤 사람은 3명의 지인에 의해 바로 전달했고, 어떤 사람은 10명의 지인을 거쳐 도달했어요. 하지만 평균 6명을 넘지 않는 선에서 편지가 전달되었답니다.

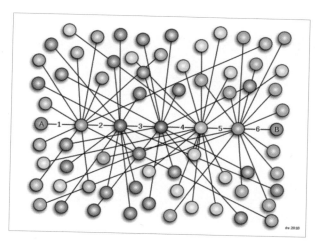

6단계 분리 이론 모형도

좀 더 최근의 사례를 알아볼까요? 2007년, 오늘날의 페이스북이나 인스타그램이라고 생각하면 되는 싸이월드라는 SNS에서 재미있는 조사가 있었습니다. 싸이월드는 '일촌 맺기'라는 기능으로 서로를 친구로 등록을 하였는데, 모르는 관계인 A와 B 두 사람이 서로 알고 있는 1촌을 몇 단계 거치면 연결될 수 있는지에 대한 조사였습니다.

당시 우리나라 인구의 절반에 가까운 2천만 명의 회원을 보유했던 싸이월드는 이 조사를 통해 매우 흥미로운 결과를 발표했습니다. 그것은 모든 사람이 6단계, 즉 6촌 이내에서 연결될 확률이 98%라는 것이었어요. 4촌 안에 연결될 확률은 43%로 두 번째로 높았고 5촌은 35% 순이었답니다. 한국인 거의 모두가 6명만 거치면 모르는 사이도 이론적으로는 친구가 될 수 있는 것이었어요.

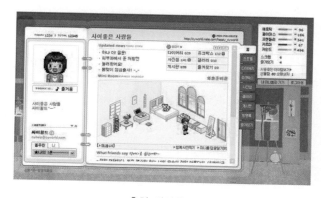

출처: 싸이월드

4 자료와 가능성

리그와 토너먼트

리그와 토너먼트가 모두 적용되는 FIFA 월드컵!

전 세계 축구팬들의 축제인 FIFA 월드컵은 리그와 토너먼트 방식을 섞어서 경기합니다. 리그 league는 연맹이라는 뜻을 가지고 있습니다. 이 연맹에 속한 모든 팀들이 돌아가면서 **똑같은 횟수를 겨루게 되며 가장 많은 승리를 얻은 팀이나 점수가 가장 높은 팀이 우승하는 방식**입니다. 야구, 축구, 농구, 배구 등 대부분의 프로팀 경기에서 정규 리그를 이 방법으로 운영하고 있어요. 모든 팀이 서로 한 번씩 경기를 해야 하기 때문에 시간이 많이 걸린다는 단점이 있습니다.

토너먼트 tournament는 원래 중세 프랑스 기사들 사이에 유행하던 '투르누아'라는 말에서 유래 되었다고 합니다. '투르누아'는 말을 타고 하는 창 시합인데, 갑옷을 입고 말을 탄 채 반대편에서 돌진해 와서 창으로 상대방을 말에서 떨어뜨리면 이기는 경기입니다. 한번 지면 짐을 싸서 집으로 가야 했지요. 이 말이 점차로 **한 번 지면 탈락하는 경기 방식**을 의미하는 단어가 되었다고 합니다. 토너먼트는 한 번 경기에 지면 패자부활전이 없는 이상 다시는 그 경기에 참여할 수 없습니다. 따라서 빠른 시간에 승부를 낼 수 있어요.

월드컵은 우선 세계 각 6개 대륙에서 210개 팀이 지역 예선을 리그전으로 치릅니다. 그렇게 최종 예선까지 올라간 32개 팀이 본선에 참가하게 되지요. 그리고 월드컵 본선에 진출한 32개 국이 A부터 H까지의 8개 조로 나뉘어 조별 리그전을 치르게 되는데 각 조의 1, 2위가 16강에 오르게 됩니다.

16강부터는 토너먼트 방식으로 경기를 치르기 때문에, 이때부터는 이긴 팀만 8강, 4강(준결승), 결승에 진출할 수 있어요. 우리나라는 2022 카타르 월드컵 본선에 진출하여 10회 연속 월드컵 본선 진출을 해낸 역대 6번째 국가가 되었답니다.

생각해 보기

1 아래는 2022 카타르 월드컵 본선 32강에 진출한 나라들입니다. 32강은 본선에 진출한 8개 조 32개국이 리그전으로 경기를 하고, 각 조의 1, 2위가 16강에 오르게 됩니다. 우리나라는 포르투갈, 가나, 우루과이와 함께 H조에 속해 있습니다.

❶ 우리나라가 속한 H조의 경기를 모두 적어 보세요. 우리나라는 모두 몇 번 경기를 하게 되나요? 아래 그림에 선을 그어 생각해 봅니다.

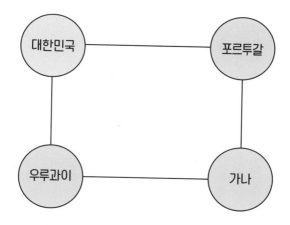

② H조는 모두 몇 번의 리그 경기를 하게 되나요? 아래 그림을 통해 알아봅시다.

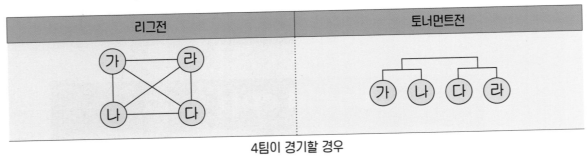

리그전	토너먼트전

4팀이 경기할 경우

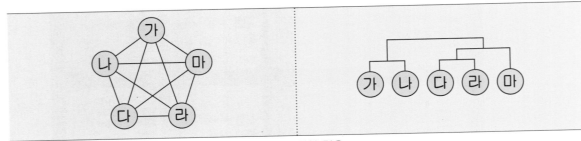

5팀이 경기할 경우

2 다음은 2022 카타르 월드컵 16강에 진출한 16개 국가들이 결승전까지 토너먼트를 진행한 결과입니다. 이 표를 보고, 16강부터 결승까지의 토너먼트 대진표를 그려 보세요.（16강부터는 무승부일 경우, 승부차기를 통해 승패를 가립니다. 예를 들어, 16강 5번 경기인 일본과 크로아티아의 경기는 1-1로 끝나 승부차기 결과인 1-3을 바탕으로 크로아티아가 8강에 진출합니다.）

16강		8강	
경기 순번	대진표	경기 순번	대진표
1	네덜란드 3-1 미국	1	네덜란드 2-2 (3-4) 아르헨티나
2	아르헨티나 2-1 호주	2	크로아티아 1-1 (4-2) 브라질
3	잉글랜드 3-0 세네갈	3	잉글랜드 1-2 프랑스
4	프랑스 3-1 폴란드	4	모로코 1-0 포르투갈
5	일본 1-1 (1-3) 크로아티아	4강 (준결승)	
6	브라질 4-1 대한민국	경기 순번	대진표
7	모로코 0-0 (3-0) 스페인	1	아르헨티나 3-0 크로아티아
8	포르투갈 6-1 스위스	2	프랑스 2-0 모로코
결승			
아르헨티나 3-3 (4-2) 프랑스			

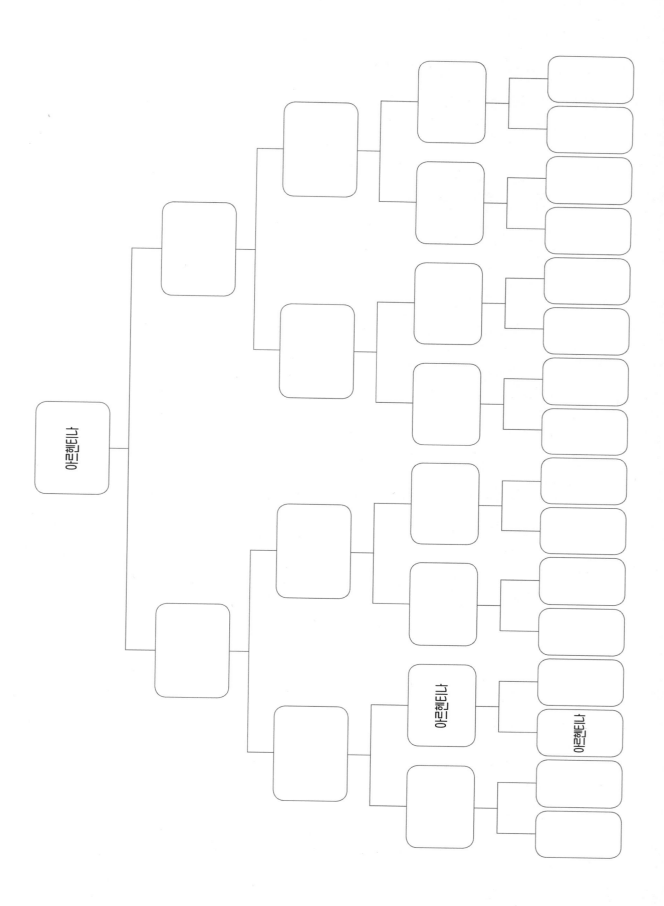

3 같은 모둠 친구들끼리 서로 한 번씩 악수를 합니다. 2모둠 친구들이 악수를 한 횟수는 1모둠 친구들이 악수를 한 횟수보다 몇 번이 더 많은가요?

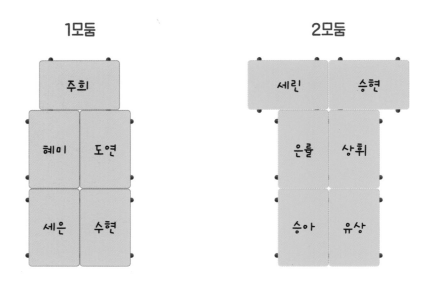

4 소윤이네 학교에 4학년은 총 5개 반으로 이루어져 있습니다. 4학년 5개 반이 리그 형식으로 피구 경기를 하는데, 하루에 한 경기씩만 한다고 합니다. 4월 2일 월요일에 경기가 시작되었다면, 마지막 경기가 열리는 날짜는 언제인가요? (토, 일요일에는 경기가 진행되지 않습니다.)

5 연우네 반 남학생 중 총 7명의 학생이 토너먼트 방식으로 팔씨름을 해서 우승자를 정하기로 했습니다. 우승자가 정해질 때까지 총 몇 번의 경기를 해야 하는지 그림을 그려 구해 보세요.

6 유민이네 반 남학생은 모두 15명입니다. 15명의 남학생 모두가 참여하는 1:1 끝말잇기 대회를 열기로 했습니다. 이 대회에서 4명이 남을 때까지는 토너먼트 방식으로, 4명이 남은 후부터는 리그 방식으로 경기를 합니다. 총 몇 경기가 열리게 되나요?

2 PAPS

😀 **읽어 보기**

내 체력을 측정해 보는 시간, PAPS

팝스PAPS를 들어본 친구가 있나요? Physical Activity Promotion System의 약자인 PAPS는 학생건강체력평가시스템을 줄인 말입니다. 초등학교 고학년인 5, 6학년 학생들은 팝스를 통해 자신의 체력을 측정해 보고, 체력을 키워야 하는 학생들은 학교에서 실시하는 체력 증진 프로그램에 참여하기도 해요.

체력을 측정하게 되는 분야는 심폐지구력, 유연성, 근력 및 근지구력, 순발력, 체지방이랍니다. 그렇다면 어떤 종목들을 통해 체력을 측정할까요? 심폐지구력을 측정하기 위해 왕복오래달리기, 오래달리기걷기, 스텝검사 중 한 가지, 유연성을 측정하기 위해 앉아서 윗몸앞으로굽히기를 실시한답니다. 근력 및 근지구력은 팔굽혀펴기, 윗몸말아올리기, 악력검사 중 한 가지, 순발력은 50미터 달리기, 제자리멀리뛰기 중 한 가지로 측정합니다. 마지막으로 체질량지수인 BMI를 통해 내가 정상 체중인지, 저체중이나 과체중인지 등도 파악을 할 수 있어요.

🎵 생각해 보기

1 5학년인 도율이네 학교에서는 PAPS 측정 종목을 다음과 같이 실시하였습니다. 아래는 5,6학년 남학생 평가기준표입니다.

심폐지구력 (왕복오래달리기)					(단위:회)
학년	5등급	4등급	3등급	2등급	1등급
5	22-28	29-49	50-72	73-99	100-107
6	22-31	32-53	54-77	78-103	104-112

유연성 (앉아윗몸앞으로굽히기)					(단위:cm)
학년	5등급	4등급	3등급	2등급	1등급
5	-5.1~-4.1	-4.0~0.9	1.0~4.9	5.0~7.9	8.0~18.0
6	-5.1~-4.1	-4.0~0.9	1.0~4.9	5.0~7.9	8.0~18.0

근력·근지구력 (윗몸말아올리기)					(단위:회)
학년	5등급	4등급	3등급	2등급	1등급
5	0~9	10~21	22~39	40~79	80~120
6	0~9	10~21	22~39	40~79	80~120

순발력 (제자리멀리뛰기)					(단위:cm)
학년	5등급	4등급	3등급	2등급	1등급
5	105.6~111	111.1~141	141.1~159	159.1~180	180.1~187.4
6	112.0~122	122.1~148	148.1~167	167.1~200	200.1~204.7

❶ 도율이의 기록표를 보고, 도율이가 어떤 분야에서 몇 등급을 받았는지 적어 보세요.

종목	기록
윗몸말아올리기	21회
왕복오래달리기	70회
앉아윗몸앞으로굽히기	9.6cm
제자리멀리뛰기	164.8cm

→

분 야	등급
심폐지구력	
순발력	

❷ 아래 그래프는 도울이네 반 남학생들의 윗몸말아올리기 결과를 나타낸 표입니다. 도울이네 반 남학생들의 근력·근지구력 등급별 결과를 막대그래프로 나타내어 보세요.

번호	개수 (개)	번호	개수 (개)	번호	개수 (개)
1	16	6	7	11	36
2	45	7	10	12	20
3	35	8	87	13	82
4	32	9	77	14	33
5	56	10	57	15	42

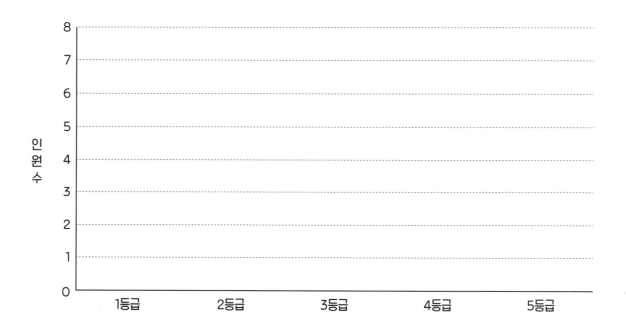

2 도율이가 반 여학생들의 순발력 등급 결과를 원그래프로 나타낸 것입니다. 그런데 그래프를 그리다 깜박하고 등급별 인원수를 적지 않았습니다. 여학생들의 이야기를 듣고 아래 문제에 답해 보세요.

하율 : 나 순발력 1등급이다! 근데 1등급이랑 5등급이랑 인원이 같네.

정원 : 정말 그렇네. 1등급이랑 5등급에 속하는 사람들이 가장 적어서인지 두 등급에 속하는 사람들을 다 더하니까 4등급 인원이랑 똑같아졌어!

서진 : 4등급이 몇 명인데?

예린 : 세어볼까? 4등급은...총 4명이야!

서진 : 나는 순발력이 자신이 없었는데 그래도 3등급이 나와서 다행이야. 2, 3등급 인원을 다 더하니 우리 반 여학생 수의 딱 절반이 나왔어.

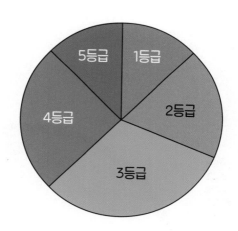

❶ 도율이네 반 여학생은 모두 몇 명인가요?

❷ 3등급에 해당하는 인원은 모두 몇 명인가요? 왜 그렇게 생각하나요?

3 식품구성자전거

😮 **읽어 보기**

　영양소는 우리 몸에서 스스로 만들어지지 않기 때문에 식사를 통해 섭취해야 하지요. 균형 잡힌 식사란 우리 몸이 필요로 하는 영양소가 골고루 포함되어 있고 양이 알맞은 식사로, 건강한 생활을 유지하는 데 매우 중요하답니다. 특히 하루가 다르게 자라는 어린이들에게는 더욱 중요할 수 있어요.

　아래 그림은 '식품구성자전거'라 불립니다. 식품구성자전거를 이용하면 나의 식사가 균형 잡혀 있는지 쉽게 알 수 있어요. 식품구성자전거는 비슷한 영양소를 가진 식품끼리 묶어서 다섯 가지 식품군으로 나누고, 섭취해야 하는 양에 따라 바퀴의 면적을 나누어 자전거 모양으로 표현한 것입니다. 식품구성 자전거를 이용하면 어떤 식품을 얼마나 먹어야 하는지 쉽게 알 수 있어요.

　자전거 뒷바퀴의 식품군별 식품은 매일 다양한 식품군별 식품을 필요한 만큼 섭취하는 균형 있는 식사의 중요성을 강조합니다. 자전거 앞바퀴에 그려져 있는 물은 충분한 물 섭취의 중요성을 의미하지요. 그렇다면 자전거에 앉아 있는 사람은 무엇의 중요성을 의미하는 것일까요? 바로 규칙적인 운동을 통한 건강 체중 유지의 중요성을 의미한답니다.

출처: 한국영양학회, 2020 한국인 영양소 섭취기준

생각해 보기

1 식품구성자전거를 보고, 5가지 식품군 중 하루에 가장 많이 섭취해야 하는 식품군 2가지를 써 보세요.

2 아래 표는 연령 및 성별에 따른 식품군별 하루 권장 섭취 횟수입니다.

연령(세)	성별	권장 섭취 횟수					
		곡류 (쌀 210g 기준)	고기·생선· 달걀·콩류 (달걀 60g 기준)	채소류 (당근 70g 기준)	과일류 (사과 100g 기준)	우유·유제품류 (우유 200ml 기준)	유지·당류 (콩기름 5g 기준)
6-11	남	3	3.5	7	1	2	5
	여	2.5	3	6	1	2	5
12-18	남	3.5	5.5	8	4	2	8
	여	3	3.5	7	2	2	6

❶ 본인은 하루에 채소류를 몇 회 섭취하도록 권장 받았나요?

❷ 중학교 3학년(16세) 여학생은 하루에 고기 · 생선 · 달걀 · 콩류 식품군을 하루 몇 회 섭취 하도록 권장 받았나요?

❸ 11세 여자 아이의 식품군별 하루 권장 섭취 횟수를 막대그래프로 그려 보세요.

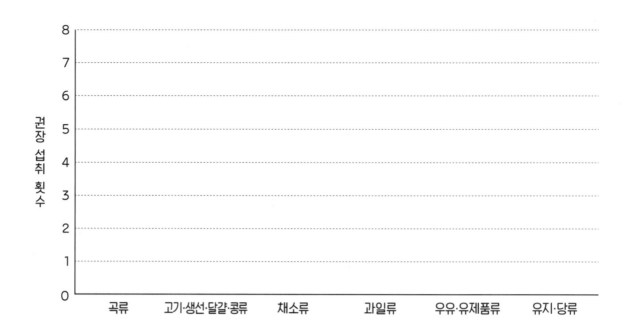

권장 섭취 횟수

8
7
6
5
4
3
2
1
0

곡류 고기·생선·달걀·콩류 채소류 과일류 우유·유제품류 유지·당류

❹ 지안이는 11세 여자 어린이, 지호는 11세 남자 어린이입니다. 아래 표는 지안이와 지호가 하루에 섭취하는 음식들을 식품군별로 나누어 섭취 횟수를 기록한 표입니다. 지안이와 지호가 더 건강한 식습관을 가지려면 어떤 식품군 섭취에 어떠한 변화가 있어야 하나요?

이름	식품군별 하루 섭취 횟수					
	곡류 (쌀 210g 기준)	고기·생선· 달걀·콩류 (달걀 60g 기준)	채소류 (당근 70g 기준)	과일류 (사과 100g 기준)	우유·유제품류 (우유 200ml 기준)	유지·당류 (콩기름 5g 기준)
지안	3	1	7	3	2	5
지호	2.5	1	3	1	4	4

❺ 오늘의 급식 메뉴입니다. 부족한 식품군을 보충하려면 어떤 메뉴를 추가하는 것이 좋은가요? (각 메뉴에는 어느 정도의 설탕과 식용유가 포함되어 있다고 가정합니다.)

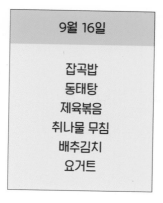

9월 16일

잡곡밥
동태탕
제육볶음
취나물 무침
배추김치
요거트

3 〈고기·생선·달걀·콩류〉 식품군에는 '단백질'이라는 영양소가 많이 포함되어 있습니다. 다음은 각 식품군에 속하는 대표적인 음식에 포함된 단백질 함유량을 표와 그림그래프로 나타낸 것입니다. 아래 물음에 답해 보세요.

식품 속 단백질 함유량 (100g 당)			
닭고기	35g	연어	20g
달걀	11g	두부	( )g

식품 속 단백질 함유량 (100g 당)

❶ 그림그래프의 ●는 몇 g을 나타내나요?

❷ 두부 100g에는 단백질이 몇 g 들어있나요?

❸ 100g 당 가장 많은 단백질이 들어있는 음식은 무엇인가요?

❹ 앞 페이지의 그림그래프를 완성시켜 봅시다.

❺ 같은 내용을 표와 그림그래프로 나타내어 보았습니다. 표와 그림그래프 각각의 장점에는 어떤 것이 있나요?

4 다음 이야기를 설명하기에 가장 좋은 꺾은선그래프를 골라보고, 가로축과 세로축에 들어갈 내용을 적어 보세요.

명훈이가 키와 몸무게를 쟀더니 비만도가 높게 나와서 식단 조절과 운동을 시작했습니다. 처음에는 꾸준히 몸무게가 내려갔는데, 한동안 몸무게가 그대로인 정체기가 왔습니다. 그래도 건강해지기 위해 꾸준히 노력했더니 다시 몸무게가 내려가서 지금은 정상 체중을 유지하고 있습니다.

① 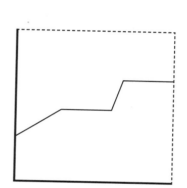　　　②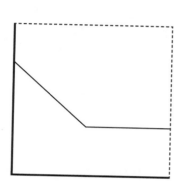

③ 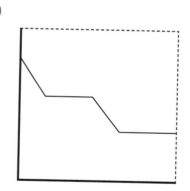　　　④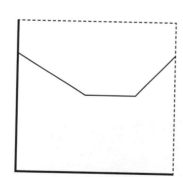

• 가로축 :

• 세로축 :

통계학자 나이팅게일

나이팅게일
(1820~1910)

플로렌스 나이팅게일Florence Nightingale은 보통 '백의의 천사'나 '등불을 든 여인'으로 자주 묘사됩니다. 그런데 사실은 나이팅게일이 뛰어난 통계학자이자 영국 왕립통계학회 최초의 여성 회원이었다는 사실, 알고 있었나요? 나이팅게일은 의료 행정가로서 현대적인 위생과 간호 시스템을 정립하는 데 독보적인 인물이었습니다. 더구나 그 도구로 수학을 활용했다니, 어떤 일이 있었는지 함께 알아볼까요?

나이팅게일은 1820년 이탈리아의 피렌체에서 영국 상류층의 딸로 태어났는데, 어려서부터 숫자를 이용해 자료를 정리하는 등 수학에 관심이 많았다고 해요. 가족 여행을 할 때면 하루 동안 여행한 거리를 계산하고 걸린 시간을 기록하는 등 수학적으로 현상을 분석하는 것을 좋아했습니다. 세계를 여행하며 여러 병원의 모습을 본 나이팅게일은 간호사가 되어 환자를 돌보는 것을 꿈꾸었고, 영국이 크림전쟁(1853~1856)에 참전하자 전쟁터로 달려가 야전병원에서 아군과 적군을 구별하지 않고 헌신적으로 치료하며 많은 생명을 구했습니다.

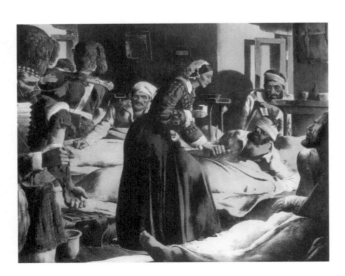

그러던 중, 나이팅게일은 전쟁터에서 죽는 군인보다 비위생적 환경의 야전병원의 환경 때문에 병이 악화되어 사망하는 군인이 더 많다는 것을 알게 됩니다. 그래서 통계 작성 기준을 세우고 병사들의 입원·퇴원 기록, 사망자 수, 병원의 청결 상태 등을 숫자로 정리하고 분석한 후 문제점들을 개선해 나갔어요. 그 결과, 6개월 만에 영국군 부상자의 사망률은 42%에서 무려 2%로 줄어들게 되었답니다.

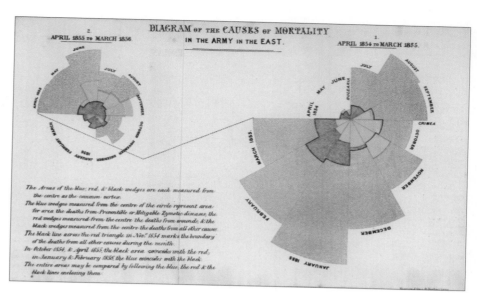

장미 도표 그림
(출처: 위키피디아)
장미 도표의 오른쪽 그래프가 1854년 4월~1855년 3월, 왼쪽 그래프가 1855년 4월~1856년 3월의 사망자 수를 나타냅니다.

　　1856년 크림전쟁이 끝나고 영국으로 돌아간 나이팅게일은 영국군의 보건 환경에 대해 800쪽 분량의 통계보고서를 썼습니다. 단순히 숫자로만 표현한 자료는 한눈에 파악하기 힘들 것이라 생각한 나이팅게일은 '장미 도표'라는 그림으로 자료를 정리했습니다.

　　이 도표는 중심각이 30°인 12개의 부채꼴로 이루어져 1년 12달을 나타냅니다. 하늘색이 전염병에 의한 사망, 빨간색이 부상에 의한 사망, 검정색은 기타 원인으로 인한 사망을 나타내고, 각 부채꼴의 넓이는 월별 사망자와 비례하기 때문에 부채꼴의 크기가 다르답니다. 이 부채꼴들이 마치 꽃잎처럼 보여 '장미 도표'라는 이름이 붙은 것이지요.

　　나이팅게일은 원인별 사망자, 월병 사망자의 변화를 한 번에 표시하면서도 면적 차이를 통해 한눈에 이해할 수 있게 그래프를 만들었습니다. 이 자료 덕분에 복잡한 숫자를 다루지 않아도 그래프를 보면 두 가지 분석이 즉시 가능합니다. 부상에 의한 사망보다 전염병에 의한 사망이 압도적으로 많다는 사실, 그리고 처음 1년보다 그 다음 1년간 사망자 수가 급격히 줄어들었다는 사실을 말이에요. 이러한 노력을 인정받아 나이팅게일은 1859년 영국 왕립통계협회의 최초의 여성 회원이 되었고, 1874년에는 미국 통계학회의 명예 회원으로 추대되었답니다.

　　나이팅게일은 전쟁터뿐만 아니라 영국의 다른 병원들의 위생 환경도 열악하다는 사실을 알게된 후 1860년 런던 성 토마스 병원에 '나이팅게일 간호학교'를 세웠습니다. 또한 『간호론』이라는 책을 편찬하여 간호학의 기초를 세우기도 하였어요.

　　지금까지 '백의의 천사'로만 알고 있던 나이팅게일의 통계학자로서의 새로운 모습, 어떤가요? 우리도 통계를 이용하여 불편한 부분이나 개선되어야 하는 현상을 파악하고 해결할 수 있답니다.

융합 사고력 강화를 위한 단계별 수학 영재 교육

교과 연계
초등 영재
사고력 수학
지니

레벨
1~3

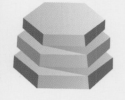

- **현직 영재반 교사**와 **서울대 박사** 공동 집필
- 학년별, 수준별 난이도에 맞춰 **3단계로 나눈 심플한 구성**
- 융합형 인재 육성을 위한 창의력 + 상상력 + 사고력 강화 교육
- 실제 영재반에서 수업하는 교과 과정 반영

교과 연계
초등 영재 사고력 수학 지니 1~3
유진·나한울 지음 | 210×297 | 148~164쪽(해설 포함) | 각 권 17,000원

초등수학 6년 과정을 **1년에 OK!**

한 권으로 계산 끝

- 매일매일 일정한 양의 문제풀이를 통한 **단계별·능력별 자기주도학습**
- 무료 동영상을 통해 연산 원리를 알아가는 **초등 기초 수학 + 연산 실력의 완성**
- 규칙적으로 공부하는 **끈기력+계산력+연산력 습관 완성**

1학년 과정 1·2권

2학년 과정 3·4권

3학년 과정 5·6권

4학년 과정 7·8권

5학년 과정 9·10권

6학년 과정 11·12권

1권~12권 | 차길영 지음 | 각 권 124쪽 | 각 권 8,000원

초등 영재
사고력 수학
지니

해설 및 부록

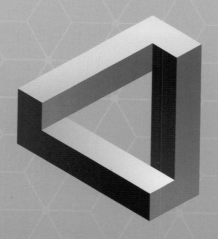

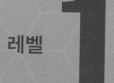

레벨 **1**

교과 연계
초등 영재
사고력수학
지니 레벨 1

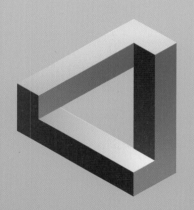

해설

1 수와 연산

1 이집트 숫자 p. 16

1 ① 505
   ② 해설 참조
   ③ 1340005
   ④ 해설 참조

2 해설 참조

3 해설 참조

해설

1 ① 500+5=505

   ②

   ③ 1000000+300000+40000+5=1340005

   ④

2

=200000+70000+5000+300+80=275380

=40000+700+30+2=40732

	덧셈 결과	뺄셈 결과
이집트 숫자		
아라비아 숫자	316112	234648

3 아라비아 숫자의 표현이 더 간결하고 한눈에 쉽게 들어옵니다. 이집트 숫자의 경우 사칙 연산을 할 때 자릿수가 넘어가면 그림이 달라져서 표현할 때 한 번 더 생각을 해야 합니다.

2 마방진 p. 20

1 해설 참조

2 해설 참조

3 해설 참조

해설

1 1에서 9까지의 숫자가 한 번씩 사용되었습니다. 가로, 세로, 대각선의 합이 15로 똑같습니다. 등

2

4	9	2
3	5	7
8	1	6

8	3	4
1	5	9
6	7	2

6	1	8
7	5	3
2	9	4

8	1	6
3	5	7
4	9	2

2	7	6
9	5	1
4	3	8

2	9	4
7	5	3
6	1	8

3 주어진 수들의 합을 3으로 나눈 값이 가로, 세로, 대각선의 합이 됩니다.

15	10	17
16	14	12
11	18	13

10	5	12
11	9	7
6	13	8

24	4	32
28	20	12
8	36	16

42	7	56
49	35	21
14	63	28

3 노노그램 p. 23

1 해설 참조

2 해설 참조

3 해설 참조

해설

1 스페이드, 나무 등

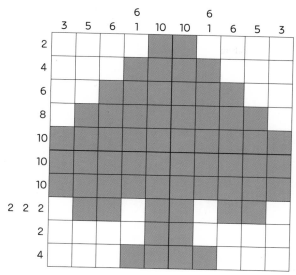

2 강아지 등

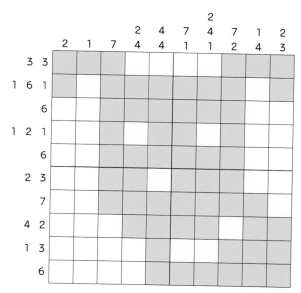

3 해골 등

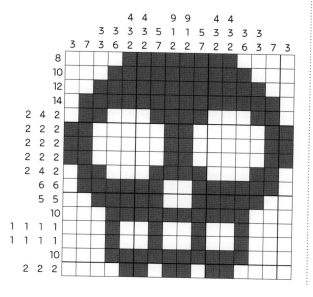

p. 27

4 거울수와 대칭수

1 대칭수(바깥쪽), 거울수(안쪽)

2 해설 참조

❶ 0, 1, 8이 변하지 않습니다.

❷ 10801, 18081, 801108, 81100118, 1008118001 등

3 ❶ 해설 참조

❷ 0, 1, 8

❸ 00:00, 01:10, 10:01, 11:11

4 ❶ 484, 44044 등

❷ 2번

5 20200202, 22200222

해설

1 거울수 중에 특별한 경우에 대칭수가 되기 때문에, 거울수가 대칭수에 포함됩니다.

2

숫자	0	1	2	3	4	5	6	7	8	9
상하 뒤집기	0	1	ゝ	Ɛ	h	S	9	L	8	6
좌우 뒤집기	0	1	ᴤ	Ɛ	ᔭ	S	ϱ	Γ	8	6

3 ❶

0	0	2	2
1	1	6	2
2	2	7	Γ
3	3	8	8
4	4	9	2

❷ 0, 1, 8을 좌우로 뒤집었을 때 같은 숫자가 나옵니다.

❸ 좌우로 뒤집는 것을 좌우 반사시킨다고 표현합니다. 좌우 반사가 되면 (A):(B)의 순서가 (좌우 반사된 B):(좌우 반사된 A)로 바뀌게 되니 반사가 되어도 동일한 숫자가 나오려면 시각이 :을

기준으로 좌우 대칭(*대칭 : 기준을 중심으로 양쪽의 모양이 같은 것)되어야 하고 (예시 : 12:21) 좌우를 뒤집어도 동일한 숫자가 나와야 합니다. (예시 : 0, 1, 8) 대칭이 되어야 하기 때문에 : 앞의 숫자 2개에 의해서 뒤에 숫자 2개가 정해지고 X8:8X, 8X:X8은 시각으로 표현할 수 없으므로 0, 1로 이루어진 시각만 좌우 반사되어도 같은 시각으로 나옵니다. 0, 1로 이루어진 시각은 00:00, 01:10, 10:01, 11:11 이렇게 네 개가 있습니다.

4 **①** 85 ⇨ 85+58 = 143 ⇨ 143+341 = 484 (거울수 탄생)

79 ⇨ 79+97 = 176 ⇨ 176+671 = 847 ⇨ 847+748 = 1595 ⇨ 1595+5951 = 7546 ⇨ 7546+6457 = 14003 ⇨ 14003+30041 = 44044 (거울수 탄생)

② 251 ⇨ 251+152 = 403 ⇨ 403+304 = 707 (거울수 탄생)

덧셈을 2번 하면 거울수가 나옵니다.

5 8자리 거울수이기 때문에 앞에 숫자 4개가 정해지면 뒤의 4개도 자동으로 정해집니다. 제일 첫 번째 숫자가 2로 정해졌기 때문에 될 수 있는 거울수는 다음과 같이 8개가 나옵니다. 20000002, 20022002, 20200202, 20222202, 22000022, 22022022, 22200222, 22222222. 이 중에서 연도와 날짜로 표현이 가능한 숫자는 20200202, 22200222밖에 없습니다.

5 연산을 이용한 수 퍼즐 p.31

1 해설 참조

2 해설 참조

3 해설 참조

1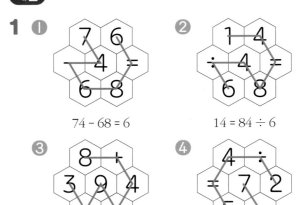

74 − 68 = 6

14 = 84 ÷ 6

8 + 4 − 9 = 3

7 − 5 = 4 ÷ 2

2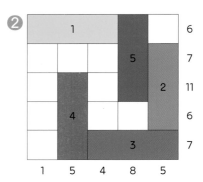

3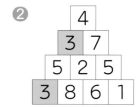

6 신비한 수들의 연산 원리

1 ❶ 곱해서 나온 숫자들은 1, 4, 2, 8, 5, 7로만 이루어져 있습니다. 곱해서 나온 숫자들은 1이 시작되는 곳부터 끝까지, 그리고 처음부터 1이 나오기 전까지 숫자를 순서대로 읽으면 항상 142857 순으로 되어있습니다.

❷ 20408122449, 20408, 122449, 142857

❸ 카프리카수

2 해설 참조(표)

곱해지는 수가 하나씩 커질수록 십의 자리 숫자는 1씩 커지고, 일의 자리 숫자는 1씩 작아집니다. 십의 자리 숫자와 일의 자리 숫자가 각각 1씩 커지고 작아지므로 두 수를 더한 값은 항상 9로 같습니다. 9단의 숫자들의 일의 자리 숫자와 십의 자리 숫자들을 각각 더하면 모두 9가 나옵니다.

3 19850205, 81509502, 19800205, 61659297, 45, 9

해설

1 ❸ 어떤 수를 자기 자신과 곱해서 나온 수를 두 부분으로 나눠서 더했을 때 원래의 수가 되는 수를 카프리카수라고 합니다.

2

곱하기	답	곱의 답을 나타내는 일의 자리 숫자와 십의 자리 숫자 더하기	답
1×9	9	9	9
2×9	18	1+8	9
3×9	27	2+7	9
4×9	36	3+6	9
5×9	45	4+5	9
6×9	54	5+4	9
7×9	63	6+3	9
8×9	72	7+2	9
9×9	81	8+1	9
10×9	90	9+0	9

---

2 도형과 측정

1 탱그램

1 해설 참조

2 $\frac{1}{2}, \frac{3}{2}, 1, 1, 3$

3 해설 참조

4 8개

5 32cm²

해설

1

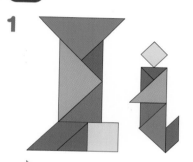

2  의 넓이는 정사각형 넓이의 절반이므로

$\frac{1}{2}$ 입니다.

 의 넓이는 정사각형의 넓이와

넓이의 합이므로 $1 + \frac{1}{2} = \frac{3}{2}$ 입니다.

 의 넓이는 넓이의 2

배이므로 $\frac{1}{2} \times 2 = 1$입니다.

 의 넓이는 넓이의 2

배이므로 $\frac{1}{2} \times 2 = 1$입니다.

5

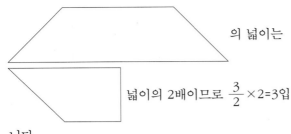 의 넓이는

넓이의 2배이므로 $\frac{3}{2} \times 2 = 3$입니다.

3 ❶

❷ 두 직각삼각형을 다음과 같이 이동시키

면 직사각형이 됩니다.

❸ 에서 하나의 직각삼각형을 다음과

같이 이동시키면 직각삼각형이 됩니다.

❹ 에서 하나의 직각삼각형을 다음과

같이 이동시키면 사다리꼴이 됩니다.

4 넓이가 작은 순서대로 직각삼각형의 수를 구해 보면 총 8개의 직각삼각형이 나옵니다.

5 모눈종이 한 칸의 넓이가 $1cm^2$이므로 한 칸의 길이는 1cm입니다.

 의 밑변 길이는 8cm이고 높이는

4cm이므로 넓이는 $8 \times 4 \times \frac{1}{2} = 16cm^2$입니다.

 의 밑변의 길이는 4cm이고 높이는 2cm이므로 넓이는 $4 \times 2 = 8cm^2$입니다.

의 밑변의 길이는 4cm이고 높이는 2cm이므로

넓이는 $4 \times 2 \times \frac{1}{2} = 4cm^2$입니다.

따라서 집의 넓이는 16+8+4+4=32cm²입니다.

2 소마큐브
p. 47

1 해설 참조

2 4번

3 2, 5 또는 2, 6 / 2, 4 / 3, 5 또는 3, 6 / 1, 2, 3 또는 1, 2, 4

4 해설 참조

해설

1 ❶ 5번 조각

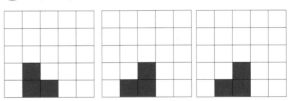

❷ 6번 조각

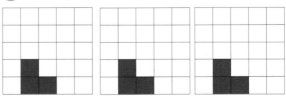

2 4번을 제외한 큐브는 같은 큐브를 다른 방향에서 바라본 모습입니다.

3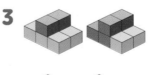

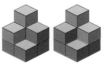

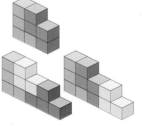

4

2	2	2
6	6	1
4	4	1

6	5	2
6	5	1
7	4	4

5	5	3
7	3	3
7	7	3

1 해설 참조

2 해설 참조

3 해설 참조

4 해설 참조

5 해설 참조

6 해설 참조

해설

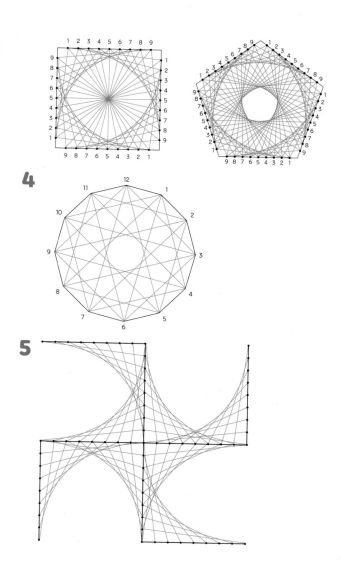

4

1

5

2

2칸씩 뛰어 세기   4칸씩 뛰어 세기

5칸씩 뛰어 세기   6칸씩 뛰어 세기

3

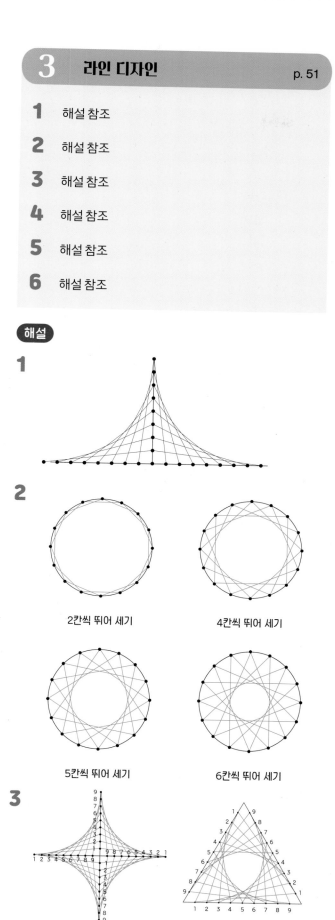

6 예시 답안입니다.

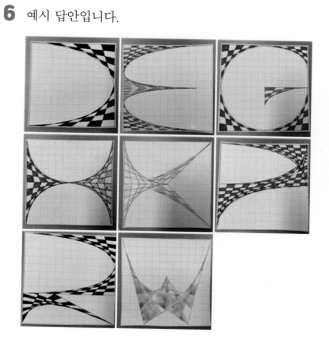

4 테트라미노 & 펜토미노 p. 57

1 ① 8 / 1, 2, 3, 4, 5, 6, 7, 9, 10, 11, 12
　 ② 1, 2, 4, 6, 8, 9, 11, 12 / 3, 5, 7, 10
　 ③ 1, 2, 3, 7, 9, 12 / 4, 5, 6, 8, 10, 11

2 해설 참조

3 해설 참조

4 해설 참조

5 해설 참조

6 해설 참조

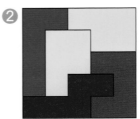
②

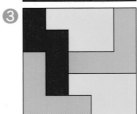
③

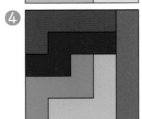
④

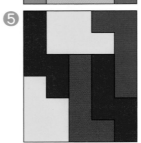
⑤

해설

2
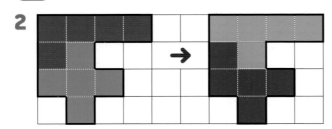

3 예시 답안입니다.

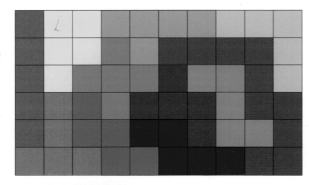

5
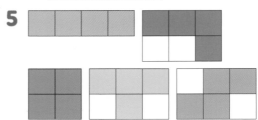

4 ①
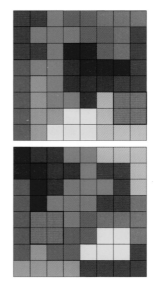

6 예시 답안입니다.

5 테셀레이션과 정다각형　p. 64

1　보도블록, 보자기, 화장실 타일 등

2　해설 참조

3　❶ 해설 참조
　　❷ $180 \times (n-2)°$, $\dfrac{180 \times (n-2)}{n}°$

4　❶ 정삼각형, 정사각형, 정육각형
　　❷ 해설 참조

5　해설 참조

6　정사각형, 360°- (정육각형 내각 + 정사각형 내각 +
정삼각형 내각) = 360°-270°= 90°, 한 내각이 90°인
것은 정사각형이다.

7　넓이를 측정하는 단위가 되려면 빈틈없이 채울 수 있
는 도형이어야 하고, 셀 때 편리해야 한다.

8　해설 참조

해설

2

• 두 가지 모양으로 이루어져 있다.
• 사각형을 사용하였다.
• 꼭짓점이 네 개씩 모여있다.
• 오각형을 사용하였다.
• 꼭짓점이 세 개 또는 네 개씩 모여있다.
• 오각형이 서로 다른 두 방향으로 반복된다.
• 평면이지만 입체도형처럼 보이는 효과를 주었다.
• 정육면체 형태가 반복된다.
• 정팔각형과 정사각형으로 이루어져 있다.
• 하나의 정사각형을 네 개의 정팔각형이 둘러싸고 있다.
• 꼭짓점이 세 개씩 모여있다.
• 서로 합동인 두 토끼 모양이 빈틈없이 평면을 채우고 있다.
• 붉은 토끼를 180° 회전시키면 하얀 토끼가 된다.

3　❶

정다각형	삼각형의 수	내각의 합	한 내각의 크기
	1	180°	60°
	2	360°	90°
	3	540°	108°
	4	720°	120°
	5	900°	$\dfrac{900}{7}°$
	6	1080°	135°
	7	1260°	140°
	8	1440°	144°

4　❷ 한 꼭짓점에서 3개의 정오각형을 붙이면 324°가
되어 360°보다 작다. 4개의 정오각형을 붙이면
432°가 되어 360°를 넘어간다. 따라서 정오각형
만으로는 360°를 만들 수 없으므로 테셀레이션
이 불가능하다.

5

한 꼭짓점에 모인 정다각형의 종류	정삼각형 60°	정사각형 90°	정육각형 120°	정팔각형 135°	정십이각형 150°	한 꼭짓점에 모인 각의 크기의 합
2	1				2	360°
	2		2			360°
	3	2				360°
	4		1			360°
		1		2		360°
3	1	2	1			360°
	2	1			1	360°
		1	1		1	360°

9

8 준정다각형 테셀레이션은 아래와 같이 총 8가지가 존재합니다.

<table>
<tr><td>F</td><td>⌐|</td><td>S</td><td>∨</td></tr>
<tr><td>G</td><td>⌐_</td><td>T</td><td>∧</td></tr>
<tr><td>H</td><td>⌐|</td><td>U</td><td>></td></tr>
<tr><td>I</td><td>⌐</td><td>V</td><td><</td></tr>
<tr><td>J</td><td>⌐•|</td><td>W</td><td>∨•</td></tr>
<tr><td>K</td><td>|•|</td><td>X</td><td>∧•</td></tr>
<tr><td>L</td><td>|•</td><td>Y</td><td>>•</td></tr>
<tr><td>M</td><td>_•_</td><td>Z</td><td><•</td></tr>
</table>

3 규칙과 추론

1 돼지우리 암호   p. 75

1
- ❶ 해설 참조
- ❷ 해설 참조
- ❸ 짜장면 먹자

해설

❷

CUP	⌐ > •⌐
TIGER	∧ ⌐ ⌐ □ •
COME HERE	⌐ •⌐ •⌐ □ ∩ ⌐ • □
I LOVE YOU	⌐⌐ •⌐ •⌐ < □ >• •⌐ >

1 ❶

알파벳	암호	알파벳	암호
A	⌐_	N	□•
B	∪	O	□•
C	⌐_	P	⌐•
D	⌐_	Q	□•
E	□	R	_•

1 ① 해설 참조

② 1, 1, 2, 3, 5, 8, 13, 21

③ 한 달 전과 두 달 전 각 토끼 쌍의 수의 합이 이번 달 토끼 쌍의 수가 됩니다.

④ 144쌍

2 해설 참조(표)

① 어떤 방 번호에 가는 방법의 수는 그 방 번호보다 숫자가 하나 적은 방에 가는 방법의 수와 그 방 번호보다 숫자 두 개 적은 방에 가는 방법의 수의 합과 같습니다.

② 34가지

3 4, 7, 11, 29

4 ① 26, 37

② 4, 5, 1

③ 11, 64

5 100, 해설 참조

해설

1 ①

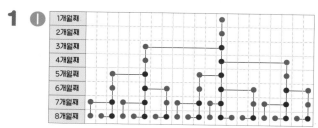

④ 7개월째 : 13쌍

8개월째 : 21쌍

9개월째 : (13+21)쌍 = 34쌍

10개월째 : (21+34)쌍 = 55쌍

11개월째 : (34+55)쌍 = 89쌍

12개월째 : (55+89)쌍 = 144쌍

2

방 번호	가는 방법	가는 방법의 수
1	1	1
2	2, 1→2	2
3	1→2→3, 2→3, 1→3	3

4	2→4, 1→2→4, 1→2→3→4, 2→3→4, 1→3→4	5
5	1→2→3→5, 2→3→5, 1→3→5, 2→4→5, 1→2→4→5, 1→2→3→4→5, 2→3→4→5, 1→3→4→5	8
6	2→4→6, 1→2→4→6, 1→2→3→4→6, 2→3→4→6, 1→3→4→6, 1→2→3→5→6, 2→3→5→6, 1→3→5→6, 2→4→5→6, 1→2→4→5→6, 1→2→3→4→5→6, 2→3→4→5→6, 1→3→4→5→6	13
7	1→2→3→5→7, 2→3→5→7, 1→3→5→7, 2→4→5→7, 1→2→4→5→7, 1→2→3→4→5→7, 2→3→4→5→7, 1→3→4→5→7, 2→4→6→7, 1→2→4→6→7, 1→2→3→4→6→7, 2→3→4→6→7, 1→3→4→6→7, 1→2→3→5→6→7, 2→3→5→6→7, 1→3→5→6→7, 2→4→5→6→7, 1→2→4→5→6→7, 1→2→3→4→5→6→7, 2→3→4→5→6→7, 1→3→4→5→6→7	21

② 8번 방에 가는 방법은 6→8, 7→8 이 있습니다. 6번 방까지 가는 방법의 수가 13개이고, 7번 방까지 가는 방법의 수가 21개 이므로 8번 방에 가는 방법은 13+21=34가지입니다.

3 3 다음의 숫자가 3이라고 가정합시다. 3→3→6→9→15이므로 다섯 번째 오는 숫자가 18이 아닙니다. 따라서 3 다음의 숫자는 3이 아닙니다.

이제 3 다음의 숫자를 4라고 가정합시다. 3→4→7→11→18→29 ⋯ 다섯 번째 오는 숫자가 18이라서 3 다음에 오는 숫자는 4라면 위 문제의 조건을 만족합니다.

만약 3 다음의 숫자가 5 이상의 숫자가 온다고 하면 다섯 번째 오는 숫자는 19보다 큰 수가 나와서 위 식을 만족할 수 없습니다. 따라서 3 다음에 올 수 있는 숫자는 4뿐입니다.

4 ① 앞, 뒤 숫자의 차이가 1, 3, 5, 7 순서로 늘어납니다. 17 다음에는 17보다 9만큼 큰 26이 오고, 26 다음에는 26보다 11만큼 큰 37이 옵니다.

② (1), (1, 2), (1, 2, 3), (1, 2, 3, 4) 묶음으로 나열되고 있습니다. 따라서 뒤에 오는 숫자는 (1), (1, 2), (1, 2, 3), (1, 2, 3, 4), (1, 2, 3, 4, 5), (1, 2, 3, 4, 5, 6), ⋯입니다.

③ 홀수 번째에 나오는 수만 순서대로 모으면 1, 2, 4, 8, 16, 32, ⋯ 로 되어있고 뒤로 갈수록 앞의 숫자보다 2배씩 커집니다. 짝수 번째에 나오는 수만 순서대로 모으면 1, 3, 5, 7, 9, ⋯ 로 되어있어서 홀수로 이루어짐을 알 수 있습니다. 따라서

홀수 번째와 짝수 번째를 따로 작성하고 한 번씩 나열하면 위의 수들이 나옵니다.

5 오른쪽에 적혀있는 숫자들만 따로 적어 보면 1, 4, 9, 16, …입니다. 다음 숫자로 넘어갈 때 증가하는 수가 3, 5, 7 순으로 커집니다. 따라서 5번째 오는 숫자는 16보다 9만큼 큰 수인 25, 6번째 오는 숫자는 25보다 11만큼 큰 수인 36, 7번째 오는 숫자는 36보다 13만큼 큰 수인 49, 8번째 오는 숫자는 49보다 15만큼 큰 수인 64, 9번째 오는 숫자는 64보다 17만큼 큰 수인 81, 10번째 오는 숫자는 81보다 19만큼 큰 수인 100입니다.

3 NIM 게임　　　　　　　　　　　p. 83

1　❶ ⑫번
　　❷ ⑨번
　　❸ 4의 배수

2　❶ ⑰⑫번
　　❷ ⑭번
　　❸ ②, ⑤, ⑧, ⑪, ⑭, ⑰번

3　❶ ①, ③, ⑤, ⑦, ⑨, ⑪, ⑬, ⑮번
　　❷ ②, ⑤, ⑧, ⑪, ⑭번

4　해설 참조

5　해설 참조

해설

1　❷ 상대가 ⑨번만 가져가는 경우 내가 ⑩ ⑪ ⑫번을 가져올 수 있고, 상대가 ⑨, ⑩번을 가져가는 경우 내가 ⑪, ⑫번 바둑돌을 가져가면 됩니다. 마지막으로 상대가 ⑨, ⑩, ⑪을 가져간다면 나는 ⑫번 바둑돌만 가져가면 됩니다. 따라서 상대가 ⑨번 바둑돌을 가져간다면 나는 무조건 ⑫ 바둑돌을 가져갈 수 있습니다.

　　❸ 매 차례마다 4의 배수 번호까지 가져가면 이길 수 있습니다.

2　❶ 마지막 바로 전에 ⑰번 바둑돌을 가져가야 합니

다. 다음 차례에서 상대가 ⑱번만 가져가는 경우 내가 ⑲, ⑳을 가져가고 ⑱, ⑲ 가져가면 내가 ⑳을 가져가면 승리할 수 있습니다.

　　❷ ⑭ 바둑돌을 가져가야 그 다음 차례에서 ⑰번 바둑돌을 가져갈 수 있습니다.

3　❶ ①, ③, ⑤, ⑦, ⑨, ⑪, ⑬, ⑮을 가져가면 이깁니다. 즉, 먼저 시작하면 이깁니다.

4

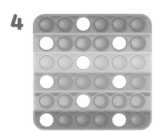

5 내가 먼저 시작하고 처음에 3개를 누릅니다. 친구와 내가 버블을 누르는 방향은 다르지만 버블의 개수는 36개이므로 35번째 버블을 목표로 진행합니다. 친구가 몇 개를 눌렀는지 계속 셈을 하고, 눌린 버블의 수가 7, 11, 15, 19, 23, 27, 31, 35개가 되도록 누르면 무조건 승리합니다.

4 4색 지도　　　　　　　　　　　p. 87

1　2가지

2　3가지

3　4가지

4　4가지

5　해설 참조

6　해설 참조

해설

1

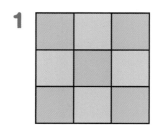

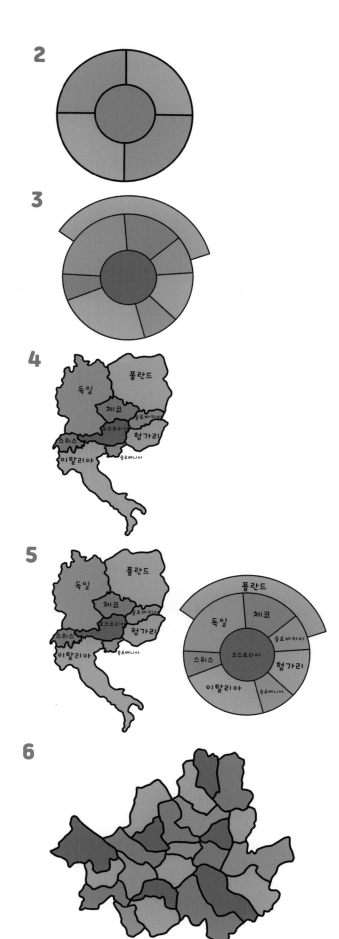

2

3

4

5

6

이 외에도 다양한 방법이 있습니다.

5 **주민등록번호** p. 91

1 3

2 ③

3 5, 6

4 ❶ 1946, 11, 8

　　❷ 461108-1020626

해설

1 11의 배수이면서 206보다 큰 가장 작은 숫자는
209(=19×11)이므로 체크숫자는 3입니다.

2 체크숫자를 제외한 주민등록번호와 2, 3, 4, 5, … 4,
5를 곱해봅시다.

①번은 121이고 체크숫자가 0이므로 그 둘의 합이
121(=11×11)입니다. 따라서 정상적인 주민등록번
호입니다.

②번은 120이고 체크숫자가 1이므로 그 둘의 합이
121(=11×11)입니다. 따라서 정상적인 주민등록번
호입니다.

③번은 148이고 체크숫자가 5이므로 그 둘의 합이
153이 나옵니다. 하지만 153은 11의 배수가 아니므
로 위조된 번호입니다.

④번은 186이고 체크숫자가 1이므로 그 둘의 합이
187(=17×11)입니다. 따라서 정상적인 주민등록번
호입니다.

3 체크숫자를 제외한 주민등록번호와 2,3,4,5, … 4,5를
곱해봅시다.

140814 - 339661□는 204가 나오므로 11의 배수와
가장 가까운 숫자는 209입니다. 따라서 체크숫자는
5이므로 마지막 숫자는 5입니다.

120407 - 440372□는 192가 나오므로 11의 배수와
가장 가까운 숫자는 198입니다. 따라서 체크숫자는
6이므로 마지막 숫자는 6입니다.

4 ❷ 체크숫자를 제외한 주민등록번호와 2,3,4,5, …
4,5를 곱해보면 137이 나옵니다. 가장 가까운 11
의 배수는 143이므로 체크숫자는 6이 됩니다.

6 한붓그리기

p. 95

1 해설 참조

2 ①, ④

3 가능합니다, 해설 참조

4 해설 참조

5 해설 참조

6 A-C-B-D-A 또는 A-D-B-C-A로 가는 것이 가장 통행
료가 적게 나옵니다.
해설 참조(표)

해설

1 짝수점을 빨간색, 홀수점을 파란색으로 표시하면 다
음과 같습니다.

	①	②	③	④	⑤	⑥	⑦	⑧	⑨	⑩
짝수점 개수	4	4	4	6	2	4	1	9	6	6
홀수점 개수	0	2	4	2	2	6	4	0	4	4
한붓그리기 (○, ×)	○	○	×	○	○	×	×	○	×	×

2 짝수점을 빨간색, 홀수점을 파란색으로 표시하면 다
음과 같습니다.

1번은 짝수점 10개, 홀수점 0개이므로 한붓그리기
가능합니다.

2번은 짝수점 1개, 홀수점 8개이므로 한붓그리기 불
가능합니다.

3번은 짝수점 2개, 홀수점 4개이므로 한붓그리기 불
가능합니다.

4번은 짝수점 4개, 홀수점 2개이므로 한붓그리기 가
능합니다.

3 모든 점이 짝수점이 되므로, 어떤 점에서 시작을 해
도 한붓그리기가 가능하며 시작한 점에서 끝나게 됩
니다.

4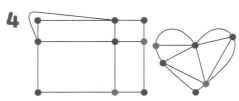

짝수점을 빨간색, 홀수점을 파란색으로 표시하면 다
음과 같습니다.

 는 짝수점 5개, 홀수점 4개이므
로 한붓그리기가 불가능합니다. 홀수점끼리 선을 연
결해서 홀수점이 2개가 되도록 만든다면 한붓그리기
가 가능해집니다.

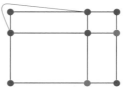 이와 같이 선을 연결한다면

홀수점에서 시작해서 다른 홀수점에서 끝나는 한붓

그리기가 가능해집니다. 마찬가지로

와 같이 선을 연결하면 홀수점에서 시작해서 다른
홀수점에서 끝나는 한붓그리기가 가능합니다.

5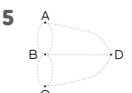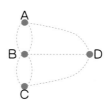

짝수점을 빨간색, 홀수점을 파란색으로 표시하면 이
와 같습니다. 한붓그리기가 가능하게 하려면 홀수점
이 없거나, 2개여야 하는데 쾨니히스베르크 마을의
다리에는 홀수점이 4개여서 한 번씩만 건너 다시 출
발점으로 돌아오기가 불가능합니다.

모두 홀수점이므로 서로 다른 짝수점을 연결하는 새로운 선을 그리면 홀수점 2개, 짝수점 2개가 됩니다. 답은 총 6가지가 나옵니다.

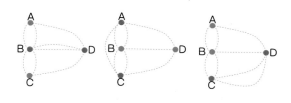

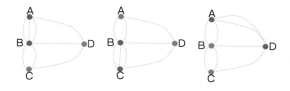

6

방 법	통행료
A-B-C-D-A	2000원 + 1200원 + 900원 + 700원 = 4800원
A-B-D-C-A	2000원 + 1100원 + 900원 + 1500원 = 5500원
A-C-B-D-A	1500원 + 1200원 + 1100원 + 700원 = 4500원
A-C-D-B-A	1500원 + 900원 + 1100원 + 2000원 = 5500원
A-D-B-C-A	700원 + 1100원 + 1200원 + 1500원 = 4500원
A-D-C-B-A	700원 + 900원 + 1200원 + 2000원 = 4800원

4 자료와 가능성

1 리그와 토너먼트 p. 103

1 ❶ 우리나라는 3번의 경기를 합니다. (vs. 우루과이, vs. 가나, vs. 포르투갈)

❷ H조는 모두 6번의 경기를 하게 됩니다.

2 정답지 p.18 참고

3 5회

4 4월 13일 금요일

5 6번

6 17경기

1 ❷

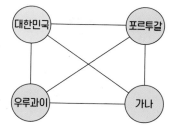

※ 그림을 그리지 않고 생각해 보는 방법

각 나라는 총 3번의 경기를 합니다. 총 4개의 나라가 있으니 12번의 경기가 나옵니다.

1) 대한민국 vs 우루과이, 2) 대한민국 vs 가나, 3) 대한민국 vs 포르투갈, 4) 가나 vs 포르투갈, 5) 가나 vs 대한민국, 6) 가나 vs 우루과이, 7) 우루과이 vs 대한민국, 8) 우루과이 vs 포르투갈, 9) 우루과이 vs 가나, 10) 포르투갈 vs 가나, 11) 포르투갈 vs 우루과이, 12) 포르투갈 vs 대한민국

여기서 같은 경기가 2번씩 셈 되었다는 것을 알 수 있습니다. (예 : 대한민국 vs 포르투갈, 포르투갈 vs 대한민국) 따라서 12번의 경기를 2로 나누면 H조의 경기 수인 6경기를 구할 수 있습니다.

3 방법 1)

그림을 이용해서 구해 봅시다.

1모둠 친구들끼리 서로 악수한 전체 횟수는 위 그림의 선분의 수와 같아요.

따라서 1모둠에서 악수한 횟수는 10회입니다.

2모둠에서 악수한 전체 횟수는 위 그림에서 선분의 수와 같으므로 횟수는 15회입니다.

따라서 2모둠 친구들이 악수한 횟수는 1모둠 친구들이 악수한 횟수보다 5회 더 많습니다.

방법 2)

1모둠에는 5명의 친구들이 있어요. 한 사람당 모두

4번의 악수를 하고 5명이 있으니 총 20회의 경우가 나옵니다. 여기 20회에서는 친구1이 친구2와 악수한 것과 친구2가 친구1에게 악수한 경우를 다른 경우로 횟수를 셈이 됐기 때문에 이 2가지 경우는 하나의 경우로 보기 위해서 20을 2로 나눠주면 1모둠에서 악수한 횟수인 10이 나옵니다. 같은 이유로 2모둠에는 6명의 친구가 있고 한 사람당 5번의 악수를 합니다. 따라서 총 30회의 경우가 나오는데 이를 2로 나누면 2모둠에서 악수한 횟수인 15가 나와요. 따라서 2모둠 친구들이 악수한 횟수는 1모둠 친구들이 악수한 횟수보다 5회 더 많습니다.

4 전체 5개의 반이 있고 리그 형식으로 진행되기 때문에 각 반마다 4경기씩 진행을 합니다. 총 20경기가 나오는데 같은 경기를 2번씩 셈한 것이기 때문에 20경기를 2로 나눈 10경기가 진행됩니다.

1경기 : 4월 2일(월), 2경기 : 4월 3일(화), 3경기 : 4월 4일(수), 4경기 : 4월 5일(목), 5경기 : 4월 6일(금), 6경기 : 4월 9일(월), 7경기 : 4월 10일(화), 8경기 : 4월 11일(수), 9경기 : 4월 12일(목), 10경기 : 4월 13일(금)

따라서 마지막 경기는 4월 13일 금요일에 열립니다.

5

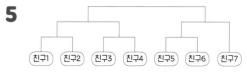

토너먼트는 위 그림과 같이 진행됩니다. 따라서 총 6번의 경기를 해야 우승자가 정해집니다.

6

위 그림과 같이 4명의 리그 참가자가 정해지기까지 11경기가 열리게 됩니다. 4명의 리그전에는 각 참가자마다 3번의 경기가 이루어져요. 4명×3번으로 총 12번의 경기가 나오는데 같은 하나의 경기가 2번으로 셈이 됐기 때문에 2로 나눠준 6번의 경기가 이루어집니다. 따라서 토너먼트 11경기, 리그 6경기가 열려 총 17경기가 열립니다.

1 ❶ 해설 참조
❷ 해설 참조

2 ❶ 16명
❷ 5명

해설

1 ❶

분야	등급
근력·근지구력	4등급
심폐지구력	3등급
유연성	1등급
순발력	2등급

❷ 문제에 주어진 표를 위와 같이 등급표로 변환해 보면, 1등급 : 2명, 2등급 : 5명, 3등급 : 4명, 4등급 : 3명, 5등급 : 1명입니다.

번호	등급	번호	등급	번호	등급
1	4등급	6	5등급	11	3등급
2	2등급	7	4등급	12	4등급
3	3등급	8	1등급	13	1등급
4	3등급	9	2등급	14	3등급
5	2등급	10	2등급	15	2등급

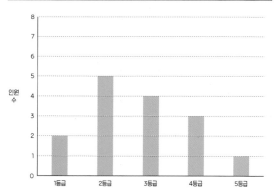

2 ❶ 1등급 인원은 5등급 인원과 같고 1등급 인원 + 5등급 인원 = 4등급 인원 = 4명이니 1등급과 5등급의 인원은 각각 2명이에요. 따라서 1등급 인원 + 4등급 인원 + 5등급 인원 = 8명이고, 이들이 여학생의 절반이므로 도율이네 반 여학생은 총 16명입니다.

❷ 2등급과 3등급에 속하는 인원의 합은 8명입니다. 원그래프를 보면 2등급에 속하는 인원은 1등급

보다 많고 4등급보다는 적습니다. 즉 2명보다는 많고 4명보다는 적으니 2등급에 속하는 인원은 3명이에요. 따라서 3등급에 속하는 인원은 5명입니다.

3 식품구성자전거 p. 113

1 곡류, 채소류

2 ① 해설 참조
② 3.5회
③ 해설 참조
④ 해설 참조
⑤ 예) 사과, 배 등의 과일류

3 ① 5g
② 8g
③ 닭고기
④ 해설 참조
⑤ 표로 보면 정확한 수치를 한 번에 알아볼 수 있습니다.
그래프로 보면 어떤 것이 가장 많거나 가장 적은지 쉽게 파악할 수 있습니다.

4 ③, 가로축 : 시간, 세로축 : 체중

해설

1 곡류와 채소류가 차지하는 면적이 가장 넓으니 가장 많이 섭취해야 하는 식품군은 곡류와 채소류입니다.

2 ① 내 나이에 맞는 횟수를 직접 찾아봅니다.
예를 들어, 본인이 10살 남자 어린이라면, 채소류를 7회 섭취하도록 권장 받았습니다.
예를 들어, 본인이 11살 여자 어린이라면, 채소류 6회 섭취하도록 권장 받았습니다.

③ 위 표에 따라서 막대그래프로 표현하면 아래와 같은 그래프로 나타낼 수 있습니다.

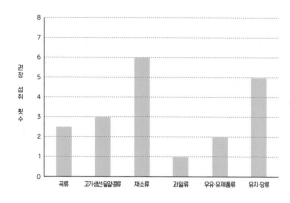

④

	식품군별 하루 섭취 횟수					
	곡류 (쌀 210g 기준)	고기·생선·달걀·콩류 (달걀 60g 기준)	채소류 (당근 70g 기준)	과일류 (사과 100g 기준)	우유·유제품류 (우유 200ml 기준)	유지·당류 (콩기름 5g 기준)
권장 섭취 횟수 (11세 여자)	2.5	3	6	1	2	5
지안	3	1	7	3	2	5

지안이는 곡류 섭취를 0.5회 줄이고, 고기·생선·달걀·콩류 섭취를 2회 늘리고, 채소류 섭취를 1회 줄이고, 과일류 섭취를 2회 줄이면 더 건강한 식습관을 가지게 됩니다.

	식품군별 하루 섭취 횟수					
	곡류 (쌀 210g 기준)	고기·생선·달걀·콩류 (달걀 60g 기준)	채소류 (당근 70g 기준)	과일류 (사과 100g 기준)	우유·유제품류 (우유 200ml 기준)	유지·당류 (콩기름 5g 기준)
권장 섭취 횟수 (11세 남자)	3	3.5	7	1	2	5
지호	2.5	1	3	1	4	4

지호는 곡류 섭취를 0.5회 늘리고, 고기·생선·달걀·콩류 섭취를 2.5회 늘리고, 채소류 섭취를 4회 늘리고, 우유·유제품류 섭취를 2회 줄이고, 유지·당류 섭취를 1회 늘리면 더 건강한 식습관을 가지게 됩니다.

⑤ 잡곡밥 : 곡류

동태탕 : 고기, 생선, 달걀, 콩류

제육볶음 : 고기, 생선, 달걀, 콩류

취나물 무침 : 채소류

배추김치 : 채소류

요거트 : 우유 · 유제품류

→ 과일류를 섭취할 수 있는 메뉴가 없으므로 과일류에 해당하는 식품군을 추가해야 됩니다.

3 ❶ 표에 따르면 닭고기에 35g이 들어가 있고, 그래프에서 10g 세 개와 중간 그림 하나가 있으므로 중간 그림은 5g을 나타냄을 알 수 있습니다.

❷ 중간 그림 한 개와 작은 그림 3개가 있으므로 단백질 8g이 들어간 것을 알 수 있습니다.

❹
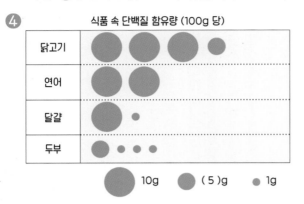
식품 속 단백질 함유량 (100g 당)

닭고기	
연어	
달걀	
두부	

⬤ 10g   ● (5)g   ● 1g

4 처음에 체중이 감소하다가, 멈추는 구간이 나오고 다시 내려간 뒤 그 상태를 유지하는 그래프는 3번 그래프입니다. 여기 그래프에서 가로축은 시간이고, 세로축은 체중입니다.

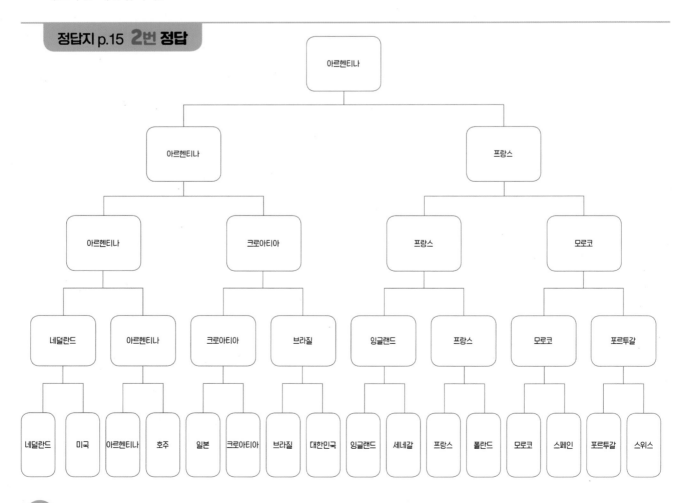

정답지 p.15 **2번 정답**

아르헨티나
├─ 아르헨티나
│ ├─ 아르헨티나
│ │ ├─ 네덜란드 ── 네덜란드 / 미국
│ │ └─ 아르헨티나 ── 아르헨티나 / 호주
│ └─ 크로아티아
│   ├─ 크로아티아 ── 일본 / 크로아티아
│   └─ 브라질 ── 브라질 / 대한민국
└─ 프랑스
   ├─ 프랑스
   │ ├─ 잉글랜드 ── 잉글랜드 / 세네갈
   │ └─ 프랑스 ── 프랑스 / 폴란드
   └─ 모로코
      ├─ 모로코 ── 모로코 / 스페인
      └─ 포르투갈 ── 포르투갈 / 스위스

교과 연계
초등 **영재**
사고력 수학
지니 레벨 1

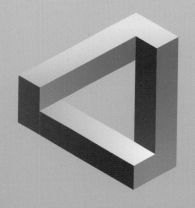

부록

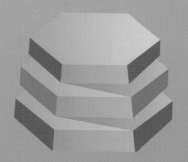

1 탱그램

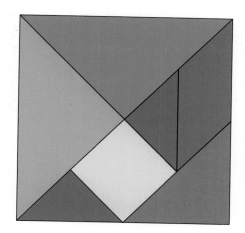

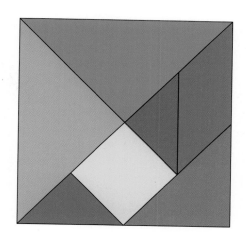

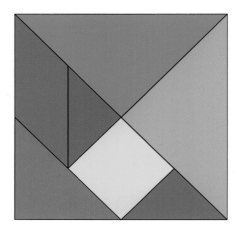

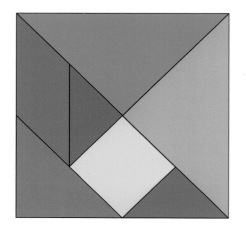

2 펜토미노

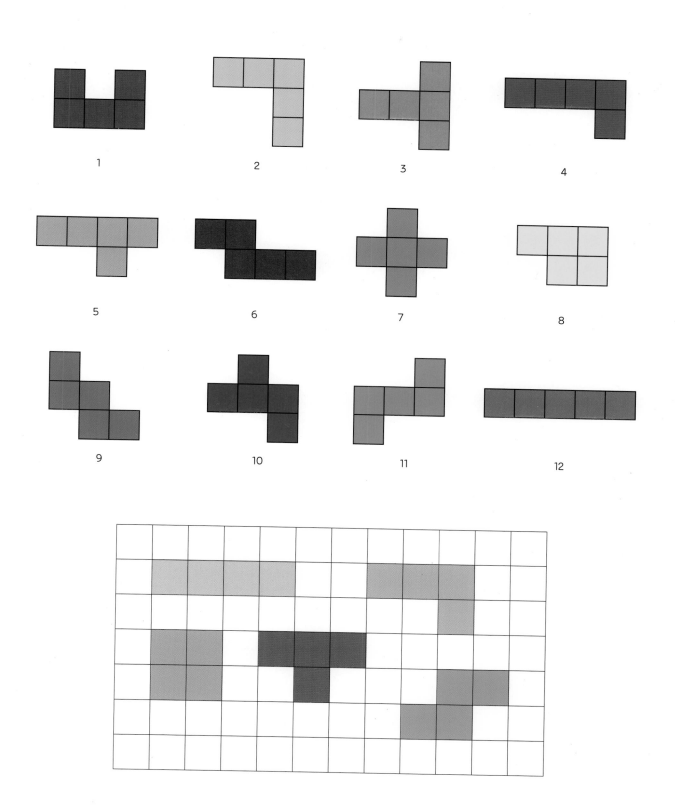

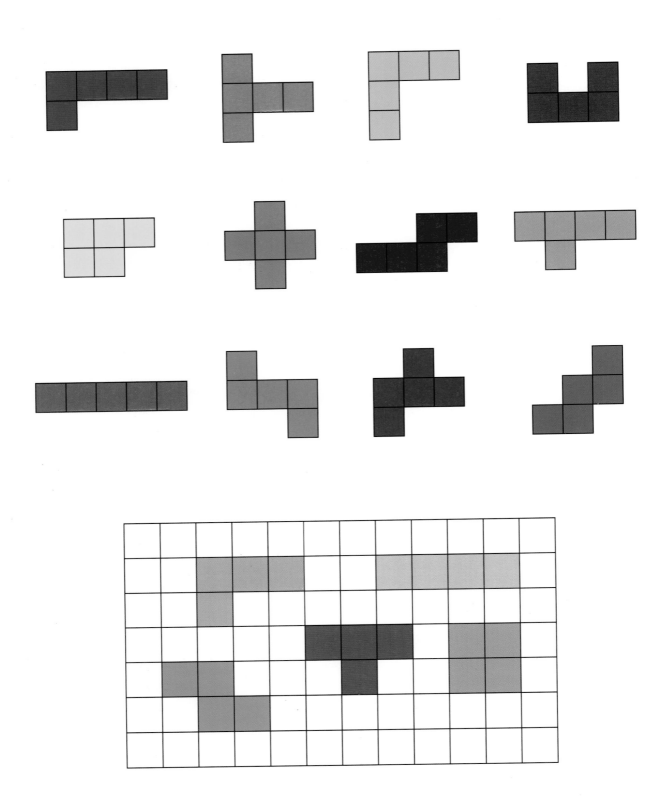

3 정다각형

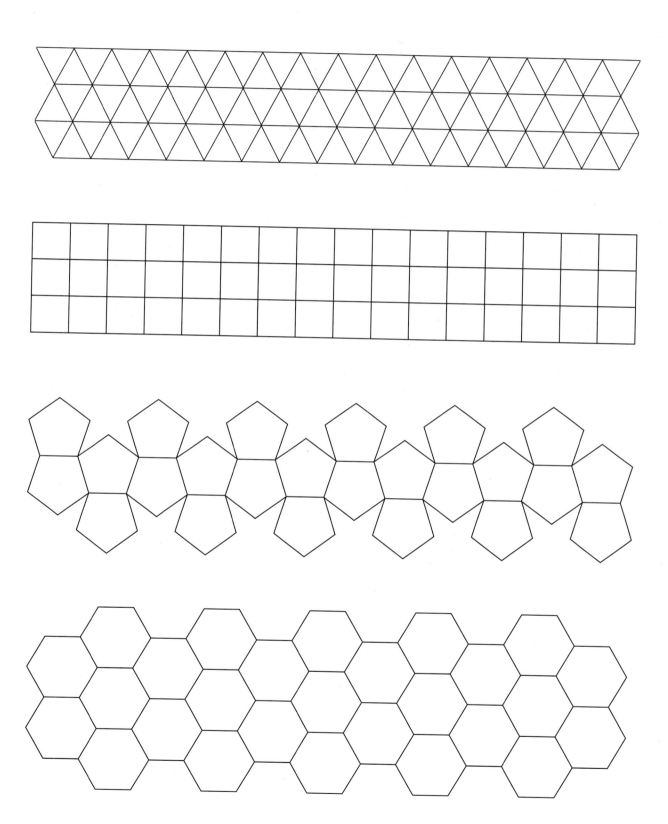

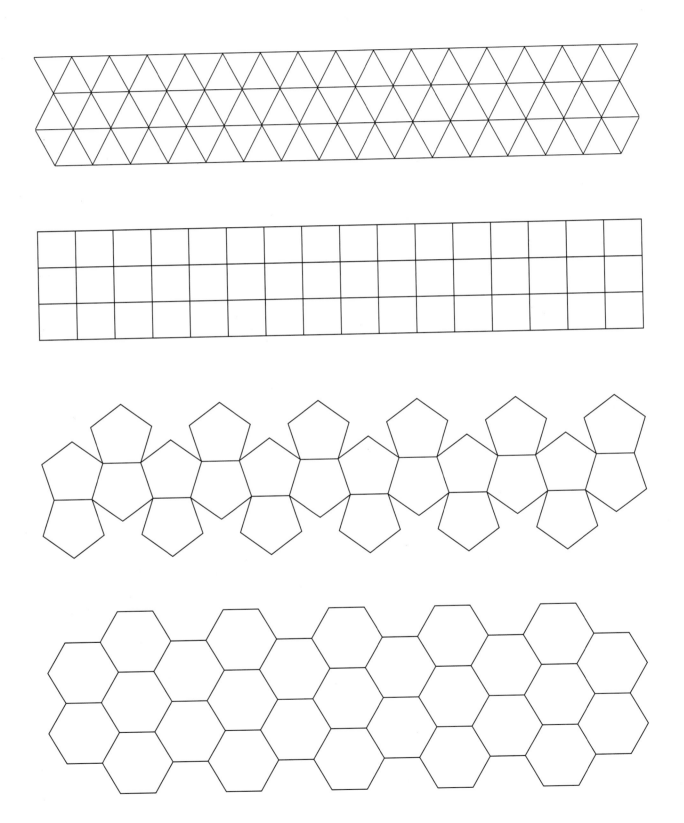

3 정다각형

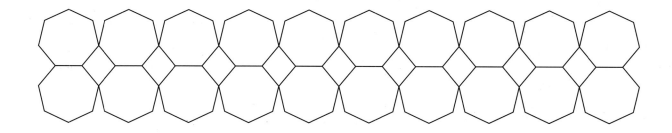

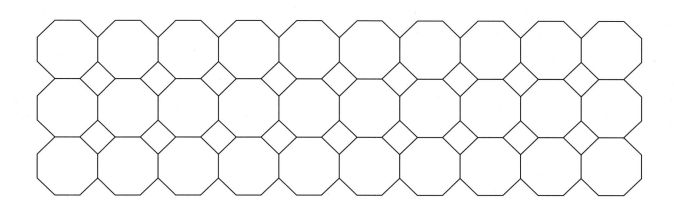

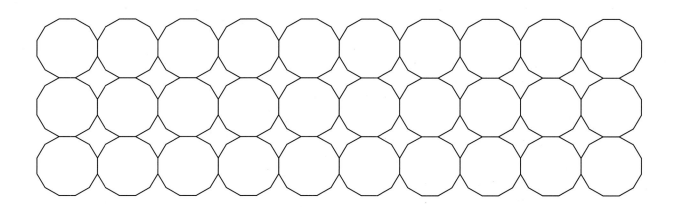

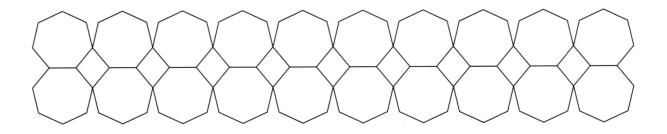

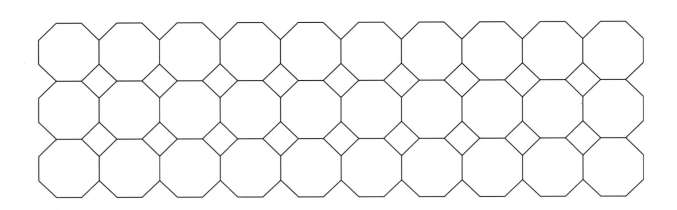

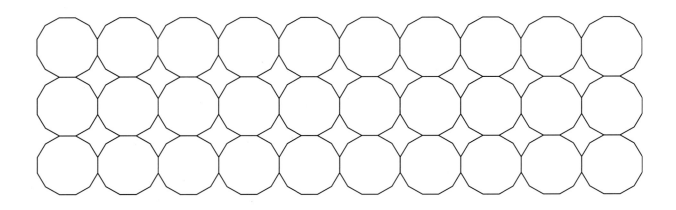

math.nexusedu.kr

•

www.nexusEDU.kr

•

www.nexusbook.com

한눈에 보는 넥서스 초등 프로그램

스마트하게 공부하는 초등학생을 위한 최고의 선택!

영어의 대표

THIS IS VOCA 입문 / 초급

THIS IS GRAMMAR STARTER 1~3

(1일 1쓰기) 초등 영어 일기

초등필수 영문법 + 쓰기 1~2

초등필수 영단어 시리즈

1~2학년 3~4학년 5~6학년

초등 만화 영문법

수학의 대표

한 권으로 계산 끝 1~12

한 권으로 초등수학 서술형 끝 1~12

창의력을 채우는 놀이 수학

한 권으로 구구단 끝

초등 영재 사고력 수학 지니 1~3

한 권으로 초등수학 끝

국어의 대표

(1일 1쓰기)
초등 바른 글씨

(1일 1쓰기)
초등 맞춤법+받아쓰기 1~2

제2외국어의 대표

초등학교 생활 중국어 1~6 메인북 + 워크북 (별매)